口絵 1　天の川（撮影／中西昭雄）

（この写真は、波長が 0.4〜0.6 マイクロメートルの範囲で撮影された。）

（この写真は、波長が、1.25, 2.2, 3.5 マイクロメートルで撮影したものを合成してある。）

（この写真は、波長が、12, 60, 100 マイクロメートルで撮影したものを合成してある。）

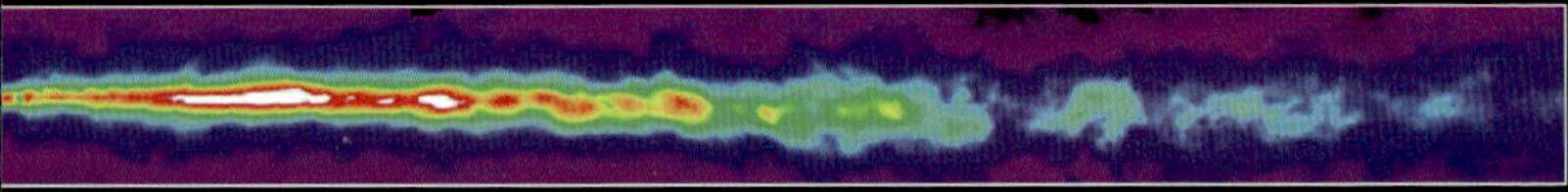

（この写真は、波長が、0.8, 1.6, 4.8 ナノメートルで検出した X 線を合成してある。）

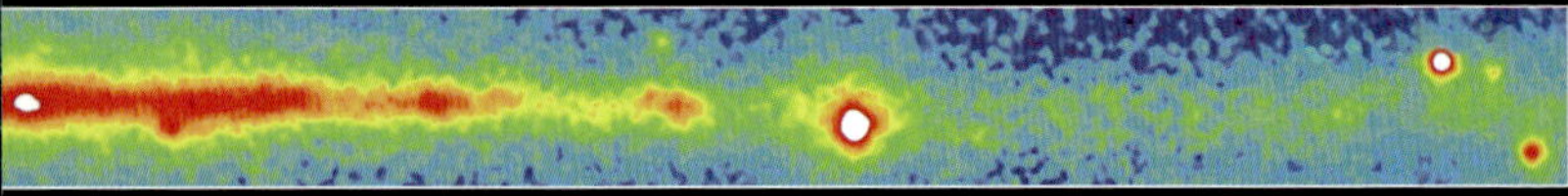

（この写真は、0.004 ピコメートルより波長が短いガンマ線のみ。）

さまざまな波長で見る天の川の姿

可視光

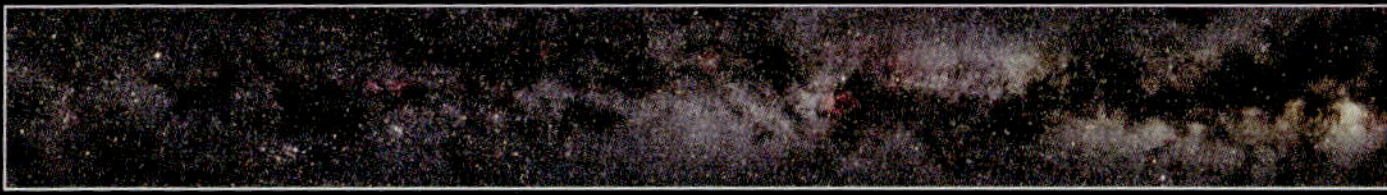

普段、私たちが肉眼でみえる光（可視光：波長が0.4マイクロメートル～0.8マイクロメートル程度）で眺めたもの。

近赤外線

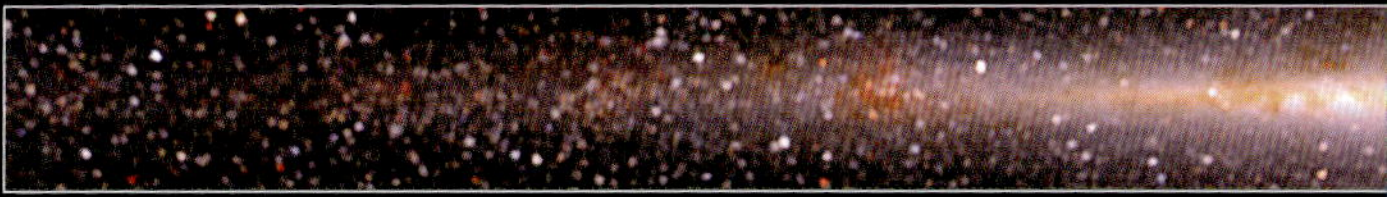

可視光より波長がすこし長めの近赤外線（波長1.25マイクロメートル～3.5マイクロメートル程度）でみたもの。

赤外線

近赤外線よりもっと波長が長い、赤外線（波長が12マイクロメートル～100マイクロメートル程度）でみたもの。

電波

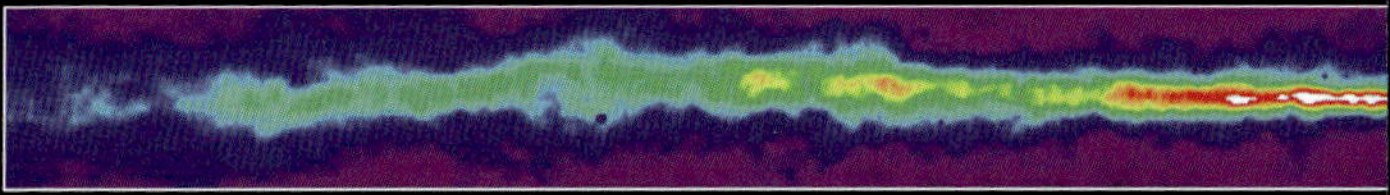

水素原子が出す特有の波長21cmの電波でみたもの。

X線

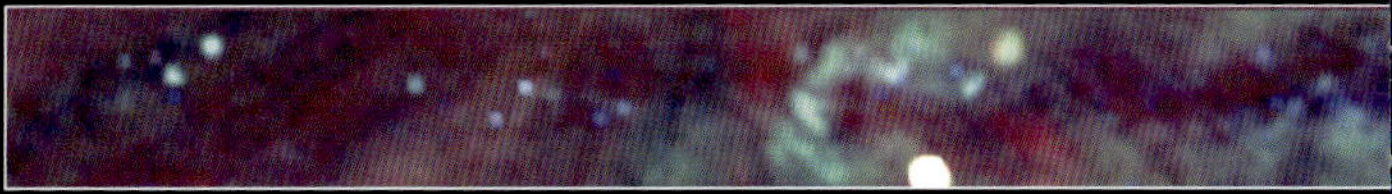

X線（波長が1ピコメートルから10ナノメートル）でみた天の川の姿。

ガンマ線

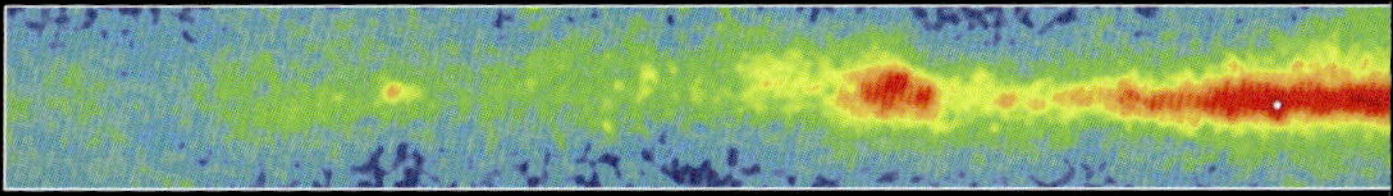

ガンマ線（放射線の一種で、波長が10ピコメートルより短い電磁波）でみたもの。

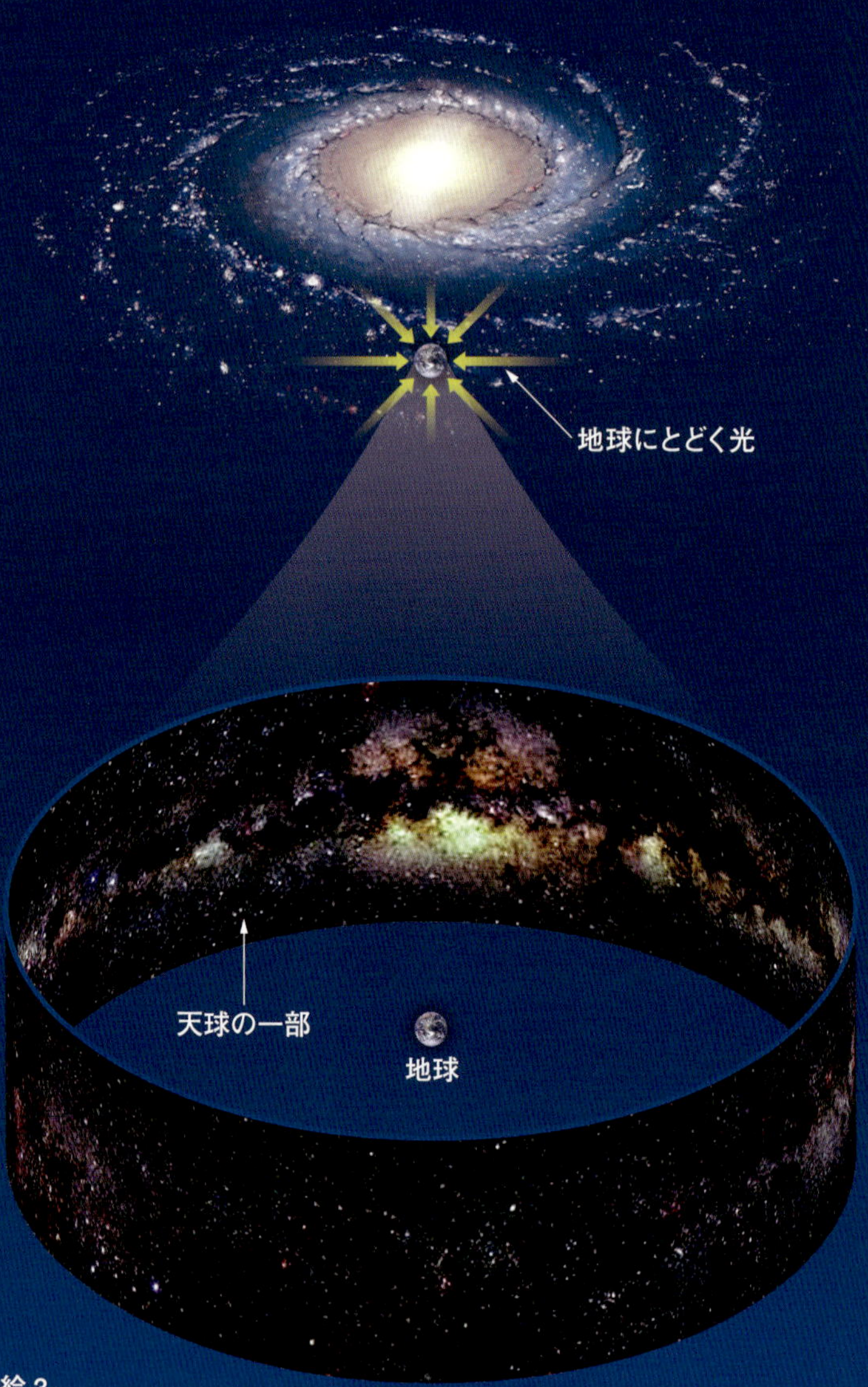

口絵3

天の川銀河の中での地球の位置と、天の川の見え方の関係

上の図は、天の川銀河の中にある地球をあらわしています。地球は、天の川銀河の円盤に位置しています。地球にはあらゆる方向から光が届きますが、星が密集している天の川銀河の円盤からは、星の集団からの光が届きます。それを地球から眺めた図が下の図です。天の川銀河の円盤から届く星々の光が、図のように360度に渡って明るい帯のように見えます。これが、いにしえより“天の川”とよばれていたものの正体です。

天の川銀河の地図をえがく

Naoteru Gouda
郷田直輝
国立天文台教授

旬報社

はじめに

わたしは、歴史が好きです。とくに日本の古代史に興味があります。日本人の起源、古代文明、邪馬台国《やまたいこく》の謎など、わくわくしながら本に読みふけります。たしかに歴史を知ったところで、現在の自分の生活自体に直接、利益となるものではありません。しかし、先人がどこでどのように生活し、どのような文明を築き上げてきたのか、それらを知ること自体が純粋に楽しいですし、なにより、新たな発見によって、わたしたちが教科書で習ってきたことが変わっていくかもしれない。そこに知ることのおもしろさがあると思います。

たとえば、青森県の三内丸山古墳《さんないまるやまこふん》の発見により、かつて考えていた以上に縄文文化は高度な技術をもち、大規模な集団生活を送っていたのではないかと考えられ始めているそうです。もちろん、詳細はどこまで確実なのかはわたしにはわかりませんが、今後の調査やあらたな発見によって、縄文時代はわたしたちがかつて認識していたものとかなりちがってくることは確かでしょう。

そう考えると、わたしには小学生のころ、わくわくすることがありました。当時、子ども向けの理科の学習まんがをよく読んでいました。そのなかに宇宙にかんする本がありました。その本を読んで、星はわたしたちからかなり遠くの距離にあり、一秒間になんと地球を七周半も回ることができる光の速さでもってしても、星までにはたいへんな時間がかかることを知りました。たとえば、わたしたちになじみ深い、真北にある北極星は、光の速さのロケットが仮にあるとして、それで飛んでいったとしても約一〇〇〇年かかると書かれてありました（わたしが小学生のころですので一九七〇年前後です）。ということは、逆に、わたしたちが目にしている北極星からの光は、約一〇〇〇年まえに北極星から発せられた光といえます。つまり、約一〇〇〇年まえの北極星をわたしたちは見ていることになります。約一〇〇〇年まえというのは平安時代です。

そう思いつつ夜空の星をながめると、小学生のころ、わたしは不思議と宇宙の広大さになんとも言えない神秘さを感じ、胸を打たれたことを覚えています。ちなみに現在では、この本のテーマともいえますが、距離の観測の精度があがり、北極星までは、光の速さで四三〇年かかることになっています。その場合、わたしたちがいま見ている北極星の光は織田信長が活躍していた時代に発せられたものです。

また、その学習まんがによれば、宇宙にはまだまだ謎があると書かれていました。子どもの心にもその印象が強く残りました。それがその後のわたしの進路を大きく決めたのか、幸運にもその宇宙を研究する人間の末席に加えてもらっています。

当然ですが、現在は、当時の学習まんがに書かれていた宇宙のことよりもはるかにその認識が広がっています。わたしが大学院に入って宇宙の研究をはじめてからでも宇宙像は大きく変遷《へんせん》してきています。最近の宇宙にかんする急速な認識の拡大は科学と技術力の進歩のおかげです。もちろん現在の宇宙像を得るまでに、人類はその進歩とともに長い年月をかけて知識を培《つちか》ってきました。そして、近年の目覚ましい科学技術の力により、広大な宇宙、より遠いむかしの宇宙の姿をみることができるようになってきました。まさに、宇宙の〝古代遺跡〟を発掘できるようになってきたのです。

しかし、宇宙への認識が発展することにより、あらたな謎も生まれ、宇宙にはまだまだわからないことが多くあります。そこで、人類は絶え間なく宇宙の謎に挑《いど》んでいます。歴史がそうであるように、宇宙のあらたな発見や謎の解明とともに、いままでの宇宙にかんする「常識」はくつがえされていくかもしれません。その興味はつきるところがありません。

本書のテーマは、天の川銀河です。天の川銀河とは、わたしたちの太陽系が属している、いわば星の集団です。太陽のようにみずから燃えて輝いている星を恒星《こうせい》とよびますが、その恒星が約二〇〇〇億個も集まっている集団です。夜空に雲のようにぼおっとして、あたかも川が流れているように見える光の帯が天の川です。

この天の川については、人類は古代から興味、関心をもち、その正体について想像をめぐらせてきました。現在では、天の川の正体はわかっていて、天の川銀河の中の円盤部とよばれる星が密集している部分です。しかし、天の川の星々の正確な〝立体地図〟はまだありません。さらに、この天の川銀河の全体の形やサイズ、含まれる物質すべての質量やその正体、銀河の誕生とその進化についてもまだ謎が多くあります。

観測の進歩によって、天の川銀河のような恒星が何千億個も集まった集団である銀河（系《けい》外《がい》銀河）が天の川銀河以外にも多数あり、観測できるものでも数千億個にのぼると考えられています。遠くむかしの銀河の存在もわかりつつあります。しかし、意外に思われるかもしれませんが、いちばん身近なわたしたちの銀河、つまり天の川銀河のほんとうの姿や、誕生、進化などについてはわからないことが多いのです。太陽以外の恒星がたくさん観測され、恒星にかんすることがいろいろわかってきましたが、最も近くにある恒星である太陽自体のことがすべて理解できているわけではないのと同じです。

天の川銀河がまだよくわかっていない原因の一つは、天の川銀河内のわたしたちから離れたところにある星の距離を正確に求められていないことです。それだけ遠くの星の距離を正確に測るのはむずかしいのです。大きな望遠鏡で遠くの銀河は観測できる時代になってきましたが、じつは、比較的近くにある天の川の星々でさえ、距離はまだ正確にはわかっていないのです。

天の川の謎、それを解くための星までの距離の測定は宇宙をときあかす未来への大きな挑戦の一つです。この挑戦の一端をご案内しましょう。


【本書の構成と読み方について】


第1章は、天の川について古来の人たちがいだいていた想いや天の川の正体、そして最新の天の川銀河像を紹介しています。

第2章では、宇宙全体の中での天の川銀河の位置づけを理解していただくため、太陽系といった全宇宙の中では小さなサイズの構造から宇宙の大構造というもっとも大きいサイズの構造まで、最新の宇宙像を紹介しました。1で宇宙像のあらましを説明し、2から5までは最新の宇宙像を得るために、人類がどのように小さなサイズの構造から大きなサイズの構造までを知ることができるようになったか、歴史にそって説明をしました。むずかしく思われる方は、1だけで、あとはさしあたり読みとばしていただいてもかまいません。6は、宇宙論や銀河の形成について書きました。宇宙論に興味をお持ちの方はぜひ、お読みください。むずかしく思われた方は読みとばしていただいてもかまいません。7は、わたしたちが住む天の川銀河の研究がいかに重要かを書きました。ぜひ、ご一読ください。

第3章は、第2章で説明した宇宙像の拡大にとって重要な要素となる天体までの距離の測定について書きました。1は距離測定の重要さを書きました。まずご一読ください。2から5は、近い天体からより遠い天体の距離の測定をどのようにおこなうかをいくらかくわしく書きました。むずかしい個所もありますが、4の年周視差法はぜひ、ご一読ください。6からは、その年周視差についての歴史や最新の動向を紹介しました。ぜひ、お読みください。

第4章は、今後の観測計画を書きました。ここは気楽に読んでいただけると思います。

天の川銀河の地図をえがく◉目　次

第3章 宇宙の距離を測る …… 99

第1章

天の川の魅力と謎

1 天の川への想い

荒海《あらうみ》や佐渡《さど》によこたふ天河《あまのがわ》

松尾《まつお》芭蕉《ばしょう》の有名な『奥の細道』にある一句です。これは芭蕉の句のなかでも人気のある句の一つに入るそうです。天河とは天の川のことです。天の川とは、淡《あわ》くぼやっと白い雲のように流れる光の帯です。現在の都会ではなかなかみることができなくなった雄大な天の川の姿を思い浮かべてこの句をよむと天の川の壮大《そうだい》さが感じられ、なんとも言いようのない魅力にとりつかれます。

古今東西、天の川は人びとを魅了しつづけてきました。実際、天の川は古代では不思議で神秘的なものと思われ、さまざまな名まえもつけられ、数々の伝承も残っています。

名まえとしては、たとえば、英語ではMilky Way（ミルキーウェイ）、つまり、〝乳の道〟とよばれています。これは、ギリシャ神話に出てくる英雄ヘラクレスが赤ちゃんのときに、母親である女神ヘラ（天の大神ゼウスの妻）の乳を強く吸ったため、乳がほとばしって、

「天の川の起源」（16世紀イタリアの絵画・模写）

天の川になった、という神話から由来しています。また、ギリシャ語で「乳」を表すのは、「gala（ガラ）」という単語です。現在、英語で銀河のことをgalaxy（ギャラクシー）とよんでいますが、その語源で、galaxyも乳の道を意味しているそうです。

さらに天の川は、「天上の川」、「光の川」ともよばれており、中国では天漢《てんかん》、銀漢《ぎんかん》とよばれています。興味深いのは、わたしたちが普段使っている漢字の「漢」が、天の川という意味をもっているというのです。実際、国語辞典で調べると、「漢」の意味の一つに天の川と書かれています。これについて出石《いずし》誠彦《よしひこ》氏は次のように説明しています。

中国陝西省《せんせいしょう》に漢水とよばれる川があります。丹江口《たんこうこう》という場所近くでは川幅が約八〇〇メートルもあるそうです。七夕のころ、この丹江口より下流にある老河口《ろうかこう》という場所から漢水を眺めると川の流れ（南北方向）と天の川の方向が一致するそうです。そうすると、天の川の星々が漢水の水面にきらめき、天の川と同じ景観を映し出します。漢水と天の川が地上のはるかかなたであたかもつながって天上から地上へ、地上から天上へつながる一つの大きな〝川〟が出現するというのです。つまり、天の川は、まさに天の漢水、〝天漢〟なのです。漢は、水が流れていない川という意味もあるそうです。ちなみに、この漢水流域で発展した国が漢の国で、その国の文字が、漢字です。

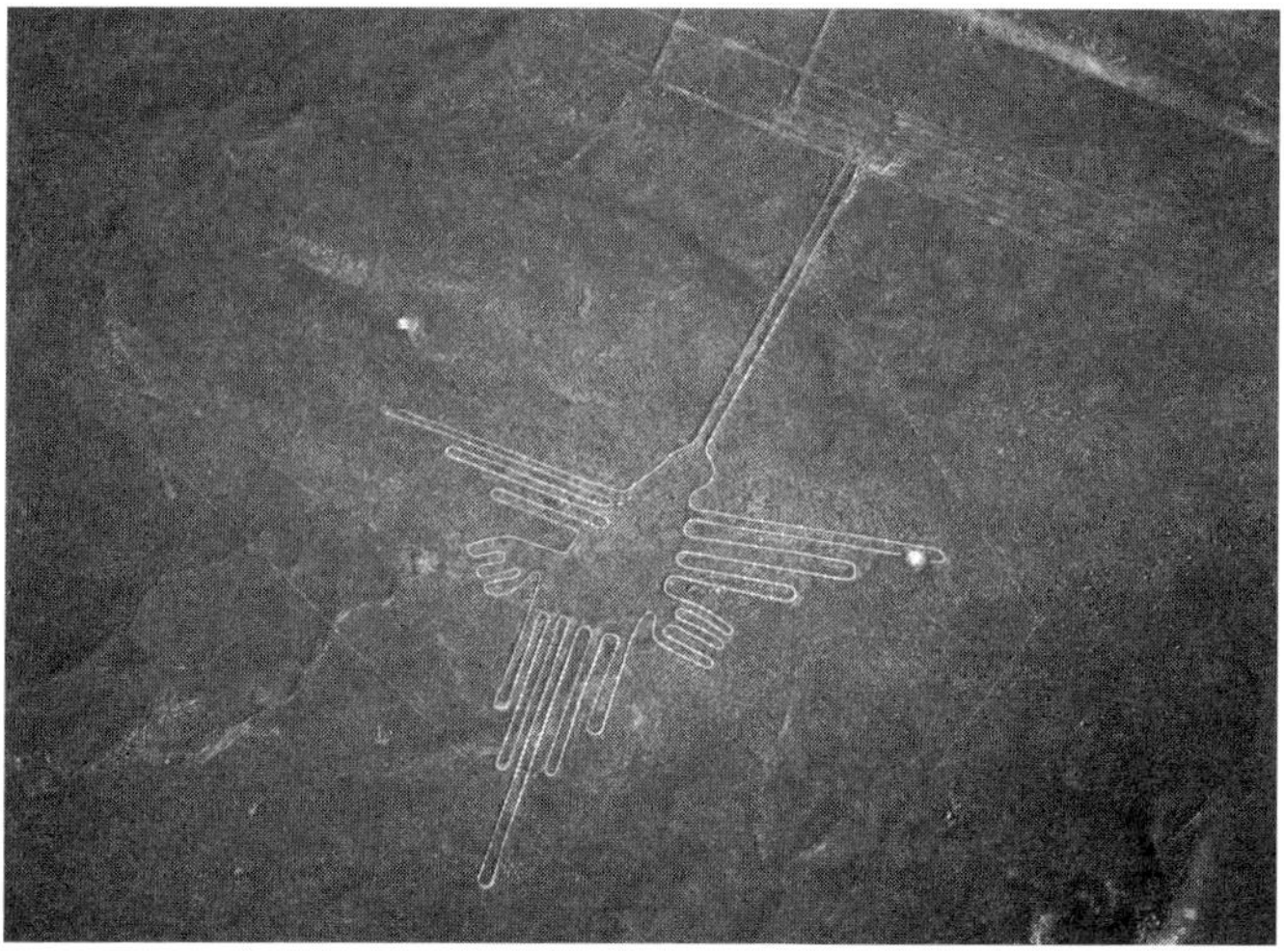

ナスカの地上絵（ハチドリ）

さて、世界の不思議な遺跡でかならず取り上げられますが、南米ペルーのナスカ高原に描かれた地上絵はみなさんもご存知ですね。ナスカ高原の地面にえがかれた絵模様で、かなりの高度から眺めないとわからないほど巨大な絵です。猿、ハチドリ、クモや滑走路のようなものまで描かれています。この絵はいつだれがどのような目的でどのようにえがいたのか。謎は残されたままです。しかし、一つの説ですが、次のようなものがあります。

ナスカの人びとは、天の川の星の見えない部分（黒い部分）に動物の姿を想像し、地上絵は、その天の川に〝住んでいる〟動物たちを地上にえがいたというのです。ハチドリ、リャマやコンドルがそうだといわれています。ナスカ地方は雨が少なく、天の川に〝住む〟動物たちがはっきりと見えるときは雨がよく降り、逆に、天の川がはっきり見えない年は、干ばつが続くということを経験として知っていました。そのため、地上の水が天の川となり、天の川がはっきり見えるときは、その水が雨となり地上に降るものと信じられていました。そこで天の川に住む動物たちと同じような大きな絵を地上にえがき、神様にそれを見せることによって、雨が降ることを祈ったといわれています。

つまり、地上絵は雨ごいに使われ、世界の謎の遺跡の一つが天の川と強く結ばれていたのです。

日本でも万葉集で天の川（天河）をよむ歌が多数あるように、いにしえより天の川の美しさ、神秘さに人びとは魅了されてきました。

このように世界各地で天の川に関心がもたれてきたのですが、では、そのほんとうの正体がわかったのはいつごろでしょうか？

2 天の川の正体

みなさんもご存知のガリレオ・ガリレイ（一五六四－一六四二）が初めて天の川は微光な星が多数集まったものであることを望遠鏡による観測で明らかにしました。

一六〇八年ごろ、オランダのハリス・リッペルスハイムが望遠鏡を発見したといわれていますが、ガリレオはこの発明のうわさを耳にして、レンズの組み合わせをいろいろと考え、一六〇九年にガリレオ式望遠鏡というものをつくり上げました。その望遠鏡で天文観測を開始し、一六一〇年に天の川がたくさんの星から成り立っていることを発表しました。ちなみに、ガリレオはこの望遠鏡で、月の表面がでこぼこだらけであること、木星に四個の衛星《えいせい》（木星の〝月〟）があることなども発見しま

ガリレオ・ガリレイ

した。

木星のまわりに四個の衛星が公転しているという発見は、すべての天体が地球のまわりを回転しているという天動説には反するもので、地動説の根拠ともなりうるものでした。ほかにも地動説を擁護《ようご》する観測的証拠をガリレオは出していきました。しかし、天動説をかたく信じる当時のキリスト教の異端《いたん》として、ガリレオは宗教裁判にかけられ、有罪になってしまいます。その有罪が解除されたのは、なんと一九九二年一〇月のローマ法王ヨハネ・パウロ二世のときです。

ガリレオの望遠鏡

3 天の川銀河の発見

つづいて天の川について大きな発見をもたらしたのは、天王星の発見で有名なウィリアム・ハーシェル（一七三八－一八二二）でした。彼は、口径四七センチメートルのみずから製作した望遠鏡を天空のいろいろな方向にむけて望遠鏡の視野に入る恒星《こうせい》の数を数えあげていきました。そして、星の明るさを眼で見積もっていきました。星の明るさがすべて同じものであると仮定すれば、星がわたしたちから遠くにあればあるほど、暗くなっていきます。つまり見かけの明るさを測ることによって、その星までの距離が測定できるのです（みかけの明るさは、距離の二乗に反比例する）。このようにして、天球上の星についで調べると、星分布の立体図ができます。その結果、一七八四年にハーシェルは図のような恒星分布の構造を描きだしました。

凸レンズのようなかたちで、直径と中央の厚みの比がほぼ四対一の構造であり、図は、その断面図です。まさに、これがはじめてえがかれたわたしたちのまわりの星の集団、つまり天の川銀河の姿です。

ハーシェルの望遠鏡

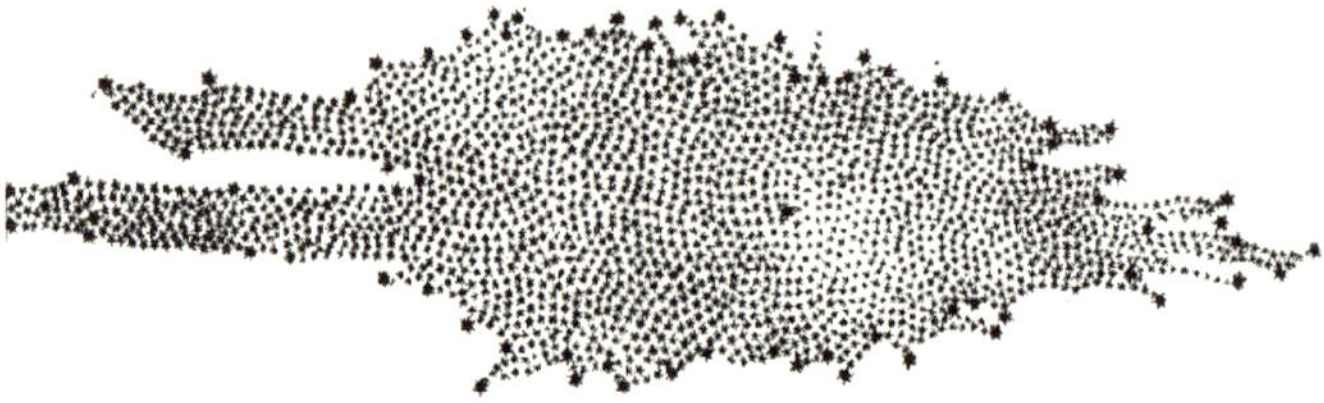

ハーシェルが求めた恒星分布の構造（天の川銀河）

ハーシェルによれば、わたしたちが住む太陽系は、この分布の中心にあると考えていましたが、のちに太陽系はこの凸レンズ状の端のほうにあることがわかってきました。

こうして、天の川は、天の川銀河の円盤上の星々であり、星をたくさん含む領域であることがわかりました。わたしたちは、その円盤の中にいて、円盤を三六〇度にわたりぐるっと見渡すと、円盤上の多くの星を光の帯として観測することになります。これがまさにわたしたちが見ることができる天の川なのです（口絵3）。

ハーシェルの方法は、星の明るさがすべて一定であると仮定していました。さらに、星からくる光が途中で宇宙空間のなかにある塵《ちり》にさえぎられることを考えていなかったこと、見かけの明るさを肉眼で観測していることなど問題点はありました。しかし、星が円盤上に密集して分布している点は正しく、こうなるともはや、太陽もわたしたちが住む宇宙の中心という座から追われ、天の川銀河という多くの星の集団のうちの一つの星に過ぎないことになったのです。

こうして天の川銀河の存在が認識され、天の川の正体も明らかになってきました。しかし、二〇世紀にはいってもなお天の川銀河の大きさはどれぐらいなのかは明らかになっていませんでした。

一九二〇年にアメリカ・ワシントンで開催された米国科学アカデミーの主催の「宇宙の大きさ」と題する公開討論会で、ハーロウ・シャプレー（一八八五－一九七二）とヒーバー・カーチス（一八七二－一九四二）という二人の天文学者が激しい討論をおこないました。

シャプレーは、天の川銀河の直径は約三〇万光年で、太陽は、その中心から約五万光年外れたところにあると主張しました（どういう方法を使ったかは第3章4を参照）。一光年とは、光の速さ（秒速で約三〇万キロメートル）で一年間進む距離で、天文学でよく用いられる距離の単位です。一光年は、約九兆四六〇〇億キロメートルに相当します。

いっぽう、カーチスは、天の川銀河の大きさは約三万光年であり、太陽は中心から約二〇〇〇光年の位置という説を訴えました。

では、どちらが正しかったのでしょうか？

実際に天の川銀河は、後述するように、直径は約一〇万光年、天の川銀河の中心から太陽までの距離は約二万六〇〇〇光年と考えられています。シャプレーのモデルでの値と現在値とのちがいは、シャプレーが、光が途中で塵に吸収されて遮《さえぎ》られる効果を無視していたからでした。煙の向こうからくる光が、実際より暗くなるのと同じで、宇宙空間にある塵を通してくる星の光は減光されてしまいます。そのため実際には近くにあっても暗くなってしまうので、それが遠くにある、とまちがえてしまったのです。これは、一九三〇年のトランプラー（一八八六－一九五六）の研究により明らかになりました。

ちなみに、カーチスのモデルは、ハーシェルの星数調査の方法をひきつぎ、発展させたカプタイン（一八五一－一九二二）という天文学者の方法を前提としていました。そのため方法そのものがシャプレーのモデルよりもまちがえた仮定が多く、劣っていました。つまり、シャプレーのモデルよりは天の川銀河は小さいものでしたが、シャプレーのモデルはカーチスのモデルよりも優れていました。

4 最新の天の川銀河像

最新の描像だと天の川銀河は円盤、バルジ（中央部の膨らみがある構造）、そして円盤とバルジを丸く取り囲むハローという大きな構造をもっていると考えられています。

円盤部には約一〇〇〇億個の星があり、直径は約一〇万光年、厚さは数千光年です。

太陽系は中心から約二万六〇〇〇光年離れた円盤部内に存在し、天の川銀河の中心のま

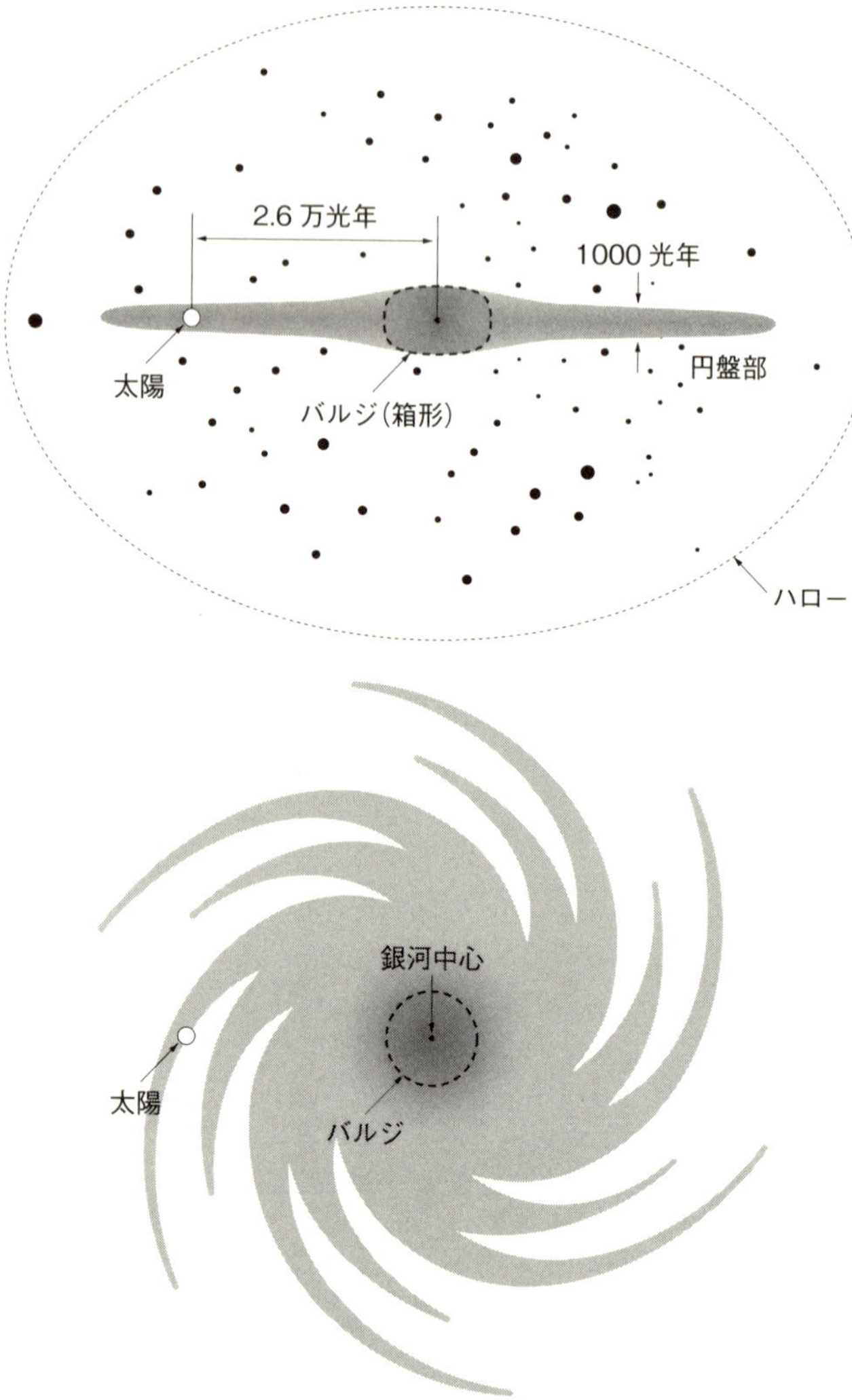

天の川銀河の構造

わりを秒速二二〇キロメートル（研究者によって、秒速一八〇キロメートルから二七〇キロメートルまでのへだたりがあります）の速さで回転しています。約二億年をかけて天の川銀河を一周します。

円盤部には、星以外にも星が生まれる源にもなるガス*がすべての星の質量の約十分の一程度の質量だけ存在しています。また若い星や星間《せいかん》ガスが渦巻きにならんでいます。天の川銀河は典型的な渦巻《うずまき》き銀河であることが知られています。この円盤を取り巻くハロー部分は古い星が多く、かなり暗い星が多数分布していると考えられています。円盤の中央部分にあるバルジは比較的古い星で構成されていますが、最近でも星がうまれていることがわかってきました。さらに、天の川銀河の中心には太陽の重さ（約2×10^{30}キログラム）の四〇〇万倍もある巨大ブラックホールが潜んでいることが明らかになってきました。

ブラックホールは、アインシュタインの一般相対性理論《いっぱんそうたいせいりろん》から生み出された産物で、大きさはかなり小さく、重力が強い天体があると、そのまわりの時空が歪み、光でさえもその天体から外へは出てこられないというものです。太陽の質量程度の重さをもったブラックホールは、重い星の一生の最終段階でうまれると考えられており、実際、ブラックホール

＊水素やヘリウムを主体とした気体で、宇宙空間に漂っている。星間ガスとよばれる。

ヨーロッパ南天天文台で近赤外線を用いて撮影した天の川中心付近の様子。サイズは 2 光年四方。中心には、太陽の質量の約400万倍もある巨大ブラックホールが潜んでいるが、そこに明るい天体はない。(ESO)

に落ち込みつつある周りのガスからしか放射できないような強いX線が観測により発見され、ブラックホールの存在は確実視されています。

さらに最近は、多くの銀河の中心に太陽質量の数百万倍から数十億倍といった質量をもつ巨大ブラックホールが存在していることもわかってきました。しかし、巨大ブラックホールがどのようにしてできたかはわかっていません。

わたしたちが住む天の川銀河の中心からも強いX線が放射されており、太陽の質量の約四〇〇万倍もある巨大ブラックホールの存在やそのまわりで大爆発が繰り返し起こっていることが明らかになってきました。

口絵2を見てください。これは、いろいろな波長の〝光〟(波長が短い方から、ガンマ線、X線、紫外線《しがいせん》、可視光《かしこう》、赤外線《せきがいせん》、電波とよばれる)でみた天の川の姿です。〝光〟を出す現象や物質のエネルギー、温度などのちがいによってどの波長の〝光〟が強く出るかが決まります。したがって、異なった〝光〟でみた天の川の様子は、天の川の異なった天体現象や異なった物質を見ていることになります。

口絵2の可視光でみた天の川が、普段わたしたちが肉眼でみる天の川の姿です。天の川の星々が写っています。天の川のなかの暗い領域は、星がそこにないのではなく、宇宙空間に分布する塵（固体の微粒子で宇宙塵《うちゅうじん》とよばれる）やガスによって星の光が吸収され、暗く見えているのです。

それにたいして、近赤外線とよばれる可視光より波長が少し長め（波長が、一・二五－三・五マイクロメートル程度）でみると天の川の暗い領域はなくなり、すべて明るく輝いています。近赤外線は、宇宙塵などによって吸収される効果が少なく減光されにくいためです。また、写っているのはおもに、年《とし》をとって巨大に膨《ふく》れあがった赤い光を強く出す赤《せき》色巨星《しょくきょせい》という星からの光です。

いっぽう、近赤外線よりもっと波長が長い、赤外線（波長が一二－一〇〇マイクロメートル程度）で観測された天の川の姿は、星の光を吸収した塵が、赤外線で光を放射しているものです。つまり天の川にある塵の姿です。

つぎに電波でみた天の川の図は、水素原子が出す特有の波長二一センチメートルの電波でみたものです。これは星をつくるもとにもなる、低い温度の星間ガスから放射されているものです。

X線でみた天の川は、数千万度の温度をもつ高温ガスから出されたX線をとらえたものです。

　ガンマ線でみた天の川は、強いエネルギーをもったすべての〝光〟をとらえたものです。たとえば、星間ガスの水素と宇宙線（高いエネルギーをもった陽子や電子など）との衝突で発生したガンマ線などを見ており、天の川の高エネルギー現象を見ていることになります。

　このように、さまざまな波長でとらえた、異なった天の川の姿をみることができるようになりました。可視光でしかその姿を見ることができなかったむかしの人たちが想像さえできなかった天の川の姿を現代人のわたしたちは目にすることができるわけです。

5　残された謎

　これまで述べたように人類は天の川への関心、神秘な想いから出発して長い年月を経て、ようやくその正体に近づいてきました。しかし、天の川銀河のことがすべて解明されたわけではありません。森の中にいると森全体のことがなかなかわからないのと同じで、わたしたちは天の川銀河のなかに住んでいるために、天の川銀河全体を見渡すことができませ

なかにいると全体のことはなかなかわからない

ん。したがって、天の川銀河の正確な形状、サイズはまだわかっていません。渦巻きの本数も確定していないのです。また、バルジもバー（棒状）構造になっているという観測的示唆はあるのですが、その実際の形状、サイズはわかっていません。

さらに、地球のまわりの月のうごき、さらに太陽の回りの地球や火星などの惑星のうごきはかなりのところわかっていますが、天の川銀河で星々がどのようなうごきをしているかはよくわかっていません。それは、重たい星のまわりに比べて小さい星がまわるとき（たとえば、かなり重たい、太陽のまわりを小さい地球がまわるとき）の小さい星のうごきはよくわかるのですが、同じ程度の質量の星が多数あつまっている集団のなかでの星々のうごきがふだんどのようになっているのかはまだよくわかっていないのです。

お互いニュートンの万有引力《ばんゆういんりょく》で力が働いているだけであり、単純な力が働いているだけですが、多数の星が集まったときのうごき方は理論的にも観測的にもその規則性は定まってはいません。天の川銀河内の星のうごきを知ることによって、この規則性の解明にもつながると期待されています。

また星のうごきを知ることによって、天の川銀河に含まれるすべての物質（謎の暗黒物質も含まれる）の質量やその分布も知ることができます。うごく力の源は重力ですが、重力はすべての物質の質量とその分布によって決まりますので、逆にうごきを知ることで重力のようすがわかり、重力のもとになった全物質の質量や分布などがわかるのです。

さらに天の川銀河はどのようにして誕生したのでしょうか（天の川銀河の形成問題）？　また、どのようにその姿や大きさ、含まれている星の特徴などが変化してきたのでしょうか（天の川銀河の進化問題）？　このあたりはまだまだわからないことばかりです。しかも、中心に巨大ブラックホールが存在することはすでに書きましたが、そのブラックホールによって、天の川銀河の中心は爆発現象を繰り返していたという証拠も見つかりつつあります。そのような天の川銀河の中心部における爆発現象とその影響についてもこれから詳細な解明が必要です。

天の川銀河の誕生、進化、巨大ブラックホールにおける中心部での爆発を知ることは、天の川銀河そのものの解明のためだけではありません。後述しますがほかの銀河も含めて、宇宙全体の銀河の誕生、進化、銀河中心での爆発といった活動を解くための重要な鍵になります。そこに天の川銀河を研究する意義の一つがあります。

さて、天の川銀河の謎について話を進めるまえに、まず天の川銀河がこの宇宙全体のなかでどのような位置づけにあるのでしょうか。現在考えられている宇宙像のあらましを次章で紹介しましょう。

第2章

広がる宇宙像

1　宇宙の広大さ

太古から人びとは夜空を見つめ、輝く星々に思いを寄せ、宇宙についての想いをめぐらせてきました。あの、光輝く星はなんだろう？　ぼやっと見える雲のような星雲の正体は？　また、それらはわたしたちからどれだけ離れたところにあるのだろう？　はたまた宇宙とはなんで、どれぐらい大きいのだろう？　このように宇宙の神秘に感動するとともに、宇宙についての疑問はだれしもが一度はもつだろうと思います。

人間は赤ちゃんとして誕生してからおとなになるまで、家族、近所、学校、自分たちが住む市や町、国、そして世界へと社会を広げていきます。人類も同様に身近な天体からじょじょに大きなスケールへと宇宙を広げていきました。宇宙の認識の拡張、その謎の解明が科学的に一歩一歩進んできています。

宇宙には、無数といってよいほどの天体が存在し、またそれらが階層的に存在していることが現代ではわかっています。

地球のようにみずからは輝いていない惑星が、太陽のまわりには八個存在しています。

じょじょに大きなスケールへ

惑星以外にも小惑星やめい王星型天体、彗星（ほうき星）などの天体も太陽系内に存在しています。

太陽系の大きさは、おおよそ一〇〇億キロメートル程度です。そして太陽のように核燃焼《かくねんしょう》によってみずから輝いている星を恒星とよびますが、このような恒星が約二〇〇〇億個集まって、いわゆる天の川銀河（銀河系ともよばれる）を形成しています。

天の川銀河の直径はおよそ、一〇万光年であり（約九兆五〇〇〇億キロメートルの一〇万倍）、質量は太陽の重さ（約2×10^{30}キログラム）の約二〇〇〇億倍です。そして、天の川銀河は唯一ではなく、宇宙には天の川銀河とおなじような恒星の集団である銀河（天の川銀河と区別して系外銀河とよぶこともある）が無数といってよいほど存在しています。

銀河も天の川銀河のように渦《うず》を巻いている渦巻き銀河とよばれるものや、渦がなくだ円型をしただ円銀河、またかたちがいびつな不規則《ふきそく》銀河といったように形状もさまざまなものがあります。また、大きさや色もさまざまなものがあり多彩です。

さらに、この数十年でわかってきたことは、これらの銀河はたんにまばらに存在しているのではなく、集団を組んでいる場合があることがわかってきました。

渦巻き銀河（M63）

だ円銀河（M59）

不規則銀河（M82）

（すべて国立天文台提供）

銀河が三個以上数十個程度以下の銀河集団を銀河群とよびます。さらに、銀河が五〇個以上集まって、一〇〇〇万光年程度の大きさの領域に密集しているものを銀河団とよびます。また銀河団が複数個連なって、一億光年程度より大きな、とてつもなく大きい銀河集団を形成していることもわかり、超銀河団とよばれます。逆に銀河がほとんど存在しない空洞（ボイド）が存在し、その境界面に超銀河団が密集した領域があります。

このように超銀河団や空洞からなる宇宙の大構造が形成されていることがわかってきたのです。

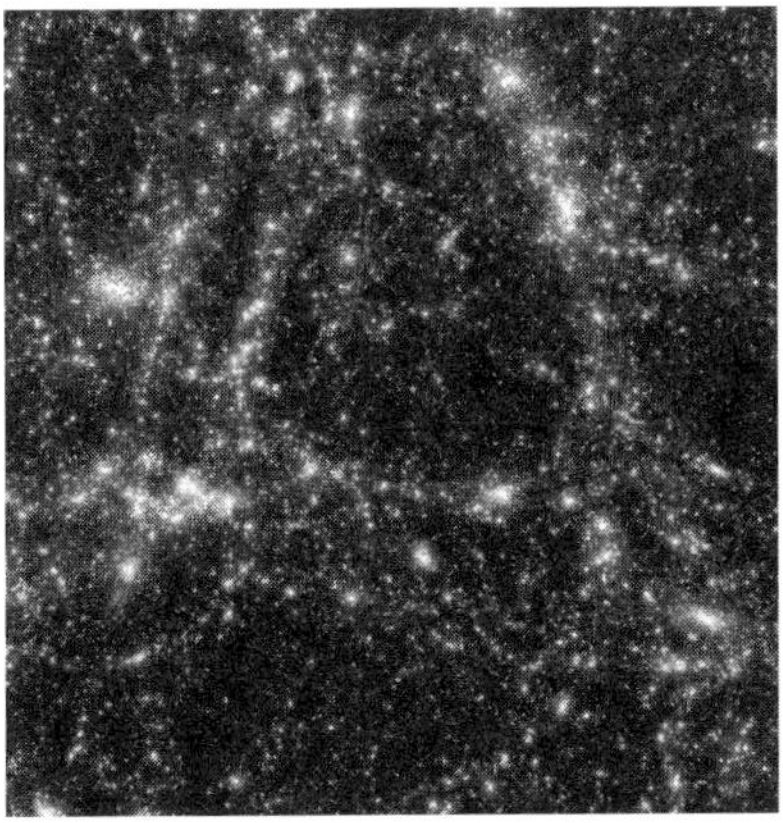

シミュレーションで再現された宇宙の大構造。（©4D2U Project, NAOJ）

宇宙の大構造は、まるで石けんの泡《あわ》のような模様をしていますので宇宙の泡構造ともよばれています。この宇宙の大構造が発見されたのは、一九八〇年代の後半に入ってからです。

太陽系、天の川銀河（銀河系）、そして宇宙の大構造の発見と、わたしたちが認識できる宇宙の広大さは拡大していき、宇宙像を変遷させてきました。このように小さなスケールから大きなスケールにわたって天体が階層的に存在する構造を宇宙の階層構造とよんでいます。

実際の大きさをみておきましょう。地球の直径は約一万三〇〇〇キロメートル、太陽と地球の間の距離は約一億五〇〇〇万キロメートルです。太陽系の大きさは、太陽までの距離の約五〇倍から一〇〇倍程度です。星と星の間の距離はさまざまですが、数光年が平均です。天の川銀河の直径は約一〇万光年で、銀河と銀河の間の平均距離は、約一〇〇万光年です。銀河団のサイズは、一〇〇〇万光年程度、超銀河団のサイズが一億光年以上というスケールになります。そして、わたしたちが観測することができる現在の宇宙の大きさが約一四〇億光年です（これは、宇宙の年齢が約一四〇億年で有限の年数であるため、それ以上遠い範囲からの光はまだ届いていないからです）。

実際のスケールはなかなか実感がつかめないので、ここでは太陽の大きさを一円玉（直径二センチメートル）にしてみたときに、どのぐらいのサイズになるのかをみてみましょう。地球から太陽までの距離は、約二・二メートルです。では、太陽に近いアルファケンタウリ星までの距離はどのぐらいになるかというと、約六〇〇キロメートルで、東京から岡山と広島の県境あたりになります。近くの星といってもいかに遠いかが実感できるかと思います。それではさらに、天の川銀河の大きさはどのぐらいに相当するかというと約一

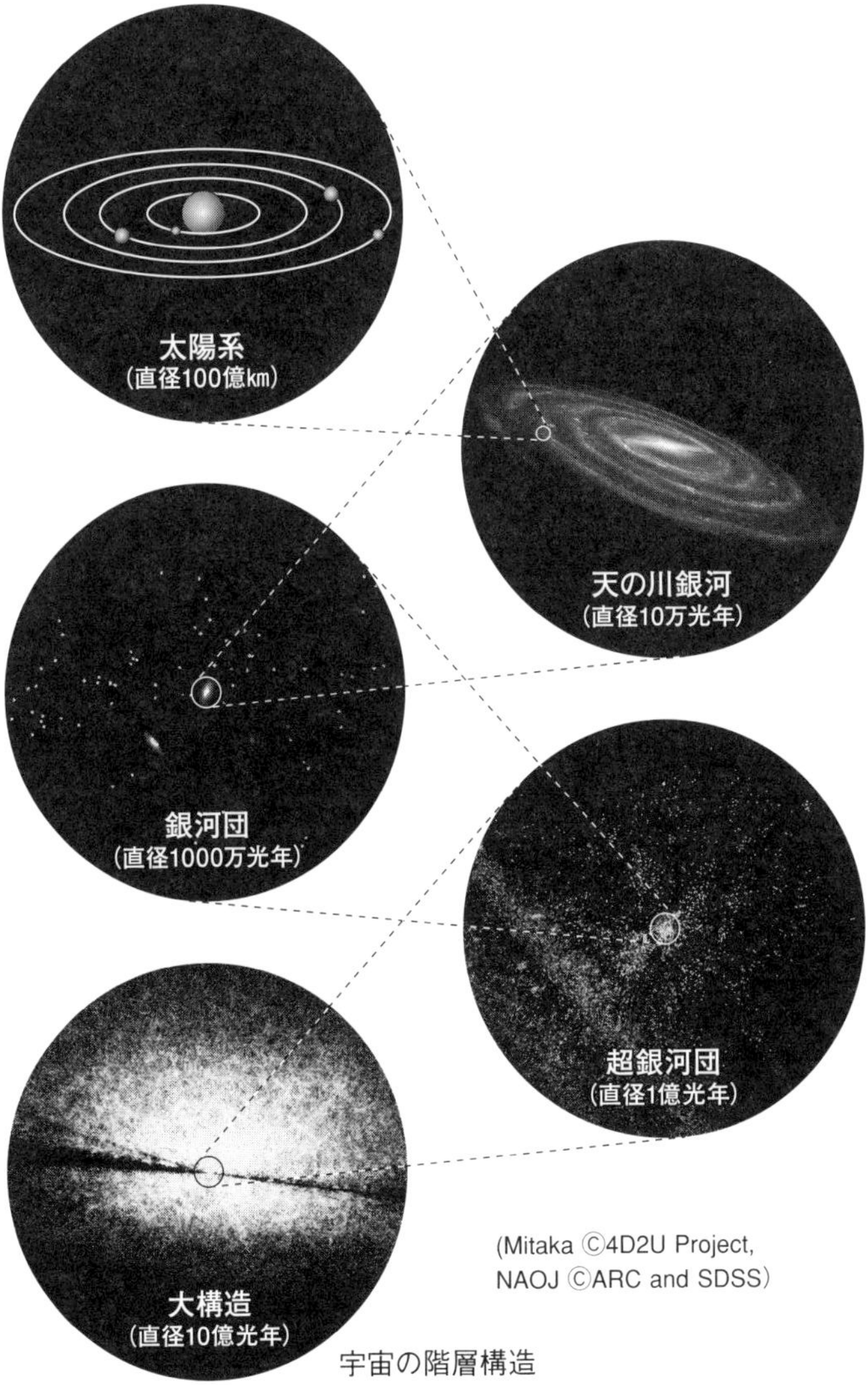

(Mitaka ©4D2U Project,
NAOJ ©ARC and SDSS)

宇宙の階層構造

四〇〇万キロメートル、つまり、地球から月までの実際の距離の約三五倍にもなります。もうこういうたとえでも想像ができなくなってきます。ちなみに、天の川銀河の比較的近くにあるアンドロメダ銀河（M31）までの距離は、地球から太陽までの実際の距離の二倍程度にもなってしまいます。

そしておどろくべきことにこの宇宙空間そのものが膨張《ぼうちょう》しているのです。また、宇宙の過去には、天体は存在せず、物質はきわめて高温・高密度の状態で、ここから宇宙が始まり、空間が膨張を続け、物質の温度や密度が下がってきたとされています。これがいわゆるビッグバンモデルです。いったい宇宙では、現在観測されているような星や銀河、大構造がどのように形成されてきたのでしょうか。

ビッグバンモデルや大構造の形成問題をあつかっている学問分野は宇宙論とよばれています。この問題は、あとで（第2章6）ふれることにして、宇宙の階層構造について、人類はどのように、小さなスケールからだんだんと宇宙の認識を広げていったのか、すこしくわしく見ていくことにします。

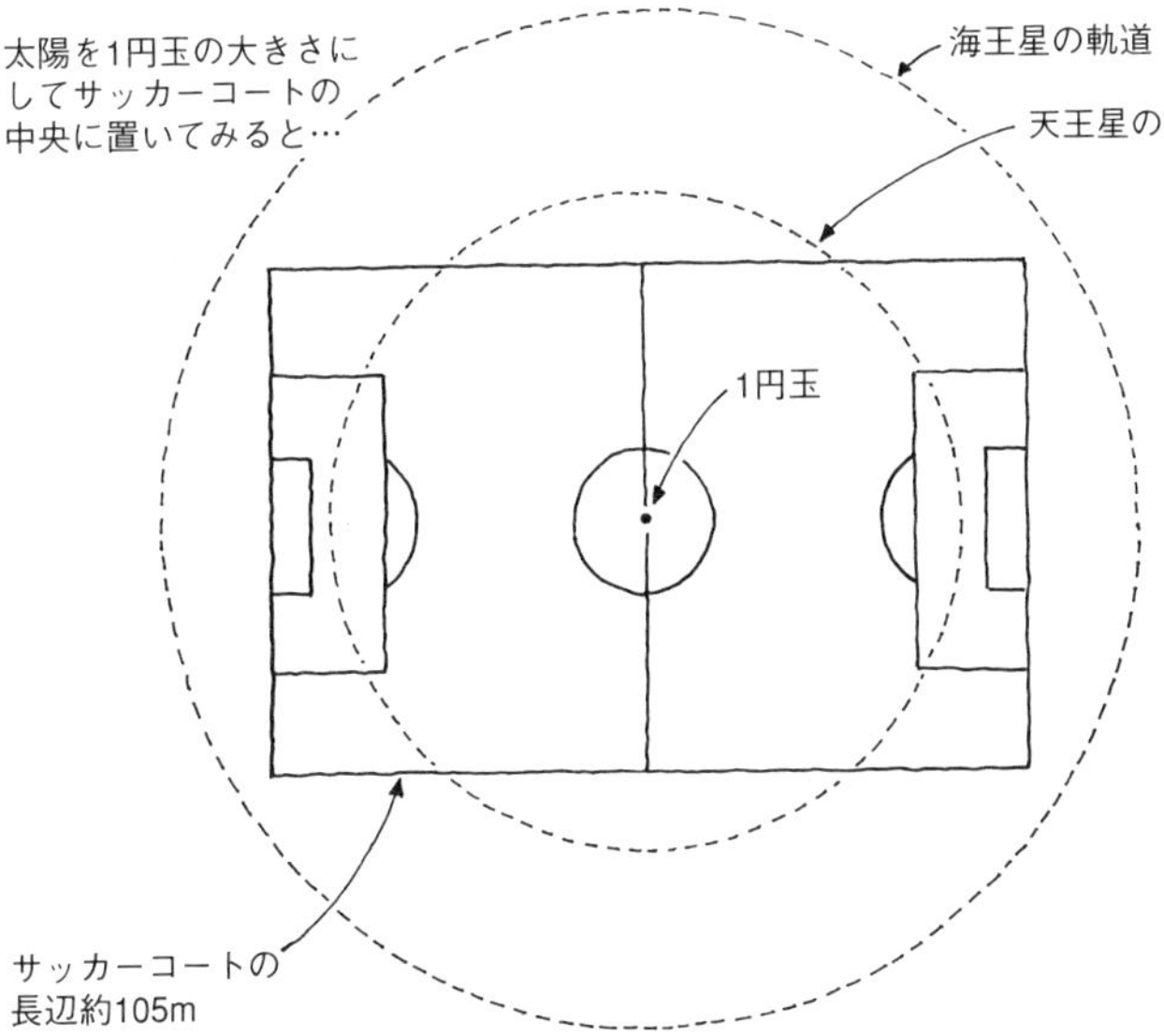
太陽を1円玉の大きさに
してサッカーコートの
中央に置いてみると…
海王星の軌道
天王星の軌道
1円玉
サッカーコートの
長辺約105m

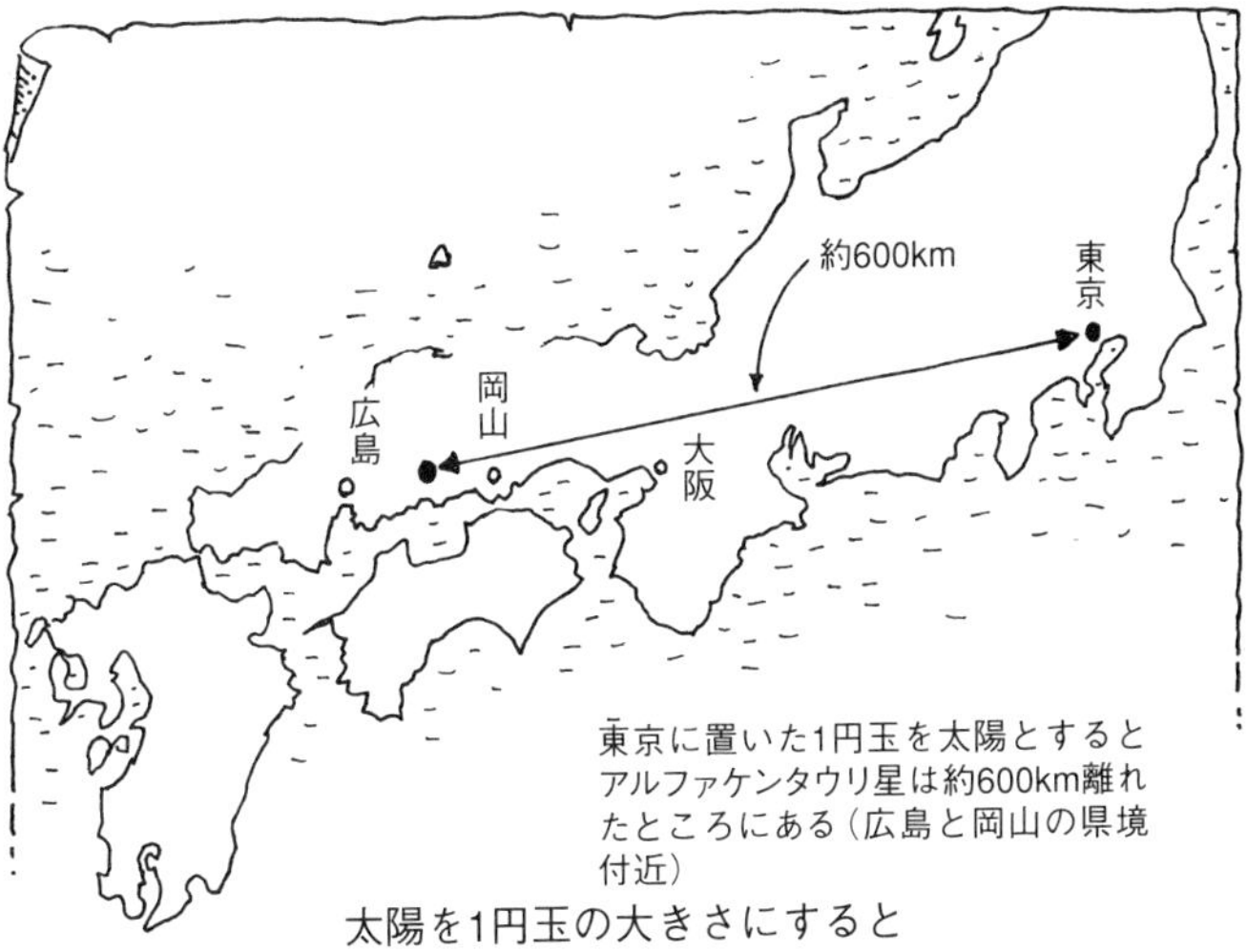
約600km
東京
岡山
広島
大阪
東京に置いた1円玉を太陽とすると
アルファケンタウリ星は約600km離れ
たところにある（広島と岡山の県境
付近）

太陽を1円玉の大きさにすると

2　わたしたちの太陽系を知る

太陽と地球や火星などの惑星との関係はどうなっているのでしょうか？

紀元前四世紀、古代ギリシャの哲学者プラトン（紀元前四二七－前三四七）をはじめアリストテレス（紀元前三八四－前三二二）などは、地球はうごかずその周囲の円軌道を太陽や惑星が回転するといういわゆる天動説を主張しました。そして紀元二世紀、プトレマイオス（八三頃－一六八頃）によってこの天動説が確立し、以後紀元一四世紀までの長きにわたりこの宇宙観が支配していました。神が創った地球がまさに宇宙の中心であるという思想が当時の宗教、そして為政者に受け入れやすかったからです。

通常、わたしたちも太陽や星々が地球のまわりをまわっているように感じ、地球が太陽のまわりをまわっているようには感じません。この説が広く人びとにも受け入れやすかったのは当然でした。

アリストテレスの天動説では、地球のまわりを惑星は完全な円周上を一定の速度で動くと考えていました。しかし、このままでは惑星が天球上で静止したり後退したりする複雑

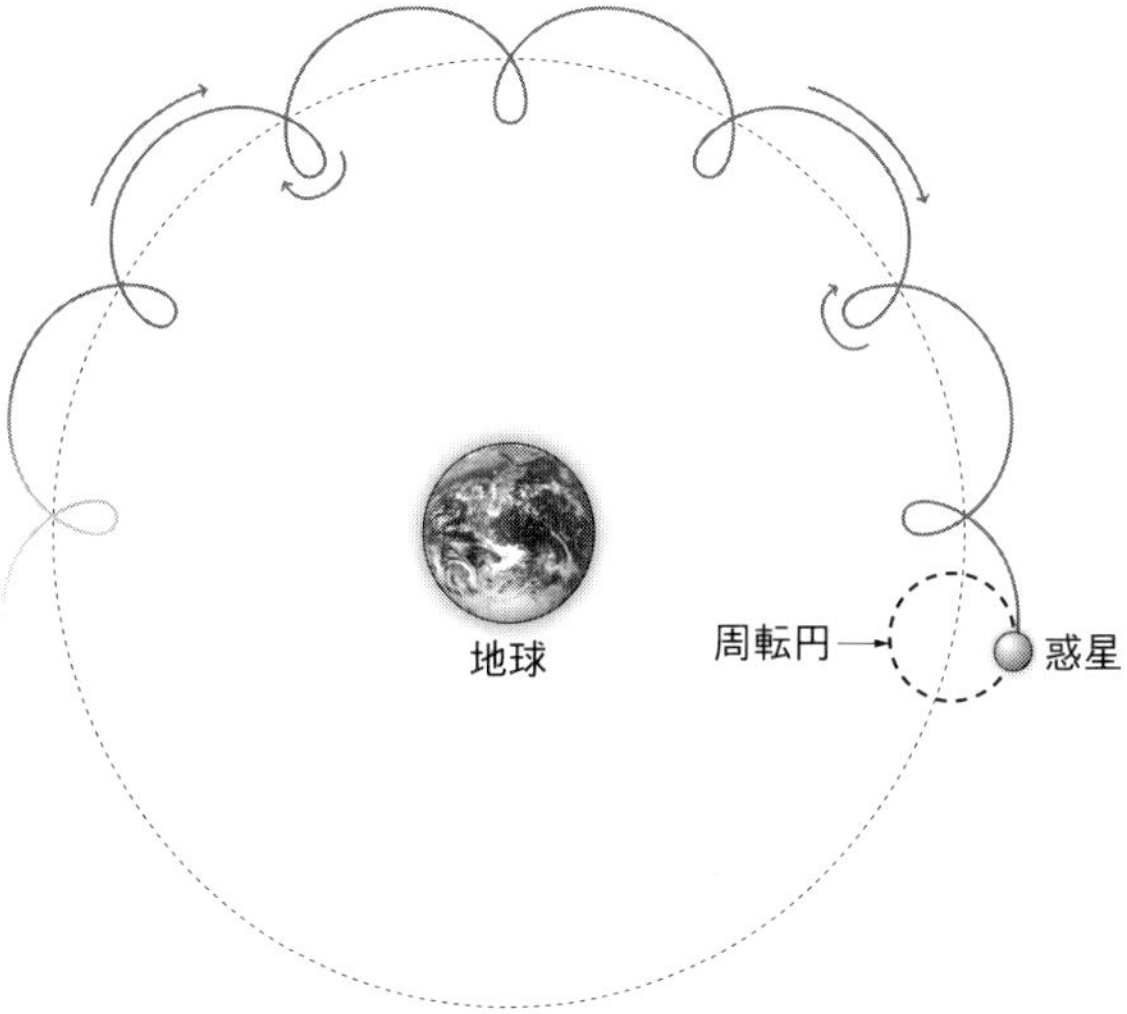

周転円と惑星のうごき

な運動を説明できませんでした。そこで、惑星は周転円《しゅうてんえん》（大きな円周上に中心をおきながら回転する小さな円）上の軌道をえがくということで、その後の天動説には修正がかけられました。しかし、惑星の複雑な運動が知られるにつれ、プトレマイオスの天動説では、惑星の運動を記述するモデルをだんだん複雑にせざるをえなくなっていきました。

一四七三年、プロシアとポーランドの国境近くにあるトニエで生まれたニコラス・コペルニクス（一四七三－一五四三）は大学でギリシャ語の原書を読み、遠いむかしにギリシャ人が地動説をとなえていることを知り、大きな関心をもちました。

事実、三角形にかんする「ピタゴラスの定理」で有名な数学者のピタゴラス（紀元前六－五世紀）は、地球は球形であると指摘するとともに、その弟子のピロラオス（フィロラオス）は地球は天球の中心にある燃えさかる炎のまわりをまわると考えました。さらに、アリスタルコス（紀元前三一〇－前二三〇頃）は、すべての惑星が太陽を中心に回転する宇宙モデルを考えました。彼は、月食のときにうつる地球の影の大きさから月の大きさを推定しました。また、半月のときの太陽と月が離れている角度の大きさ（離角《りかく》）から、太陽までの距離を推定しました（第3章3参照）。この二つの情報から、太陽、地球、月では太陽がもっとも大きいということを知りました。すると太陽より小さい地球のまわりを太陽がまわるはずがないと推測したのです。

しかし、この説は古代ギリシャの偉大な天文学者であるヒッパルコス（第3章8参照）によって拒否され（太陽中心説では惑星の運動を説明できないと指摘しました。これは、太陽のまわりの惑星の運動を完全な円運動と仮定していたからです。これは、天動説でもおなじような問題が生じており、いささか早計でまちがえた判断でした）、支持が得られず、コペルニクスが地動説を出すまで、アリスタルコスの説は長い間忘れ去られていました。

さて、コペルニクスは、プトレマイオスのモデルが真の地球中心説にはならないことに疑問をもちました。また、長い歴史のなかで惑星のうごきにかんする観測データもたまり、天動説のモデルでは説明できなこと も出始めていました。そこで、彼は天動説ではなく、太陽のまわりを水星、金星、地球、火星、木星、土星までが円周を動くと考え、地動説のほうがより単純なモデルが得られると考えました。地球が宇宙の中心ではなく、太陽が中心となり、地球がまわると考えたのです。まさに、発想の転換でした。このことより、天動説では説明が複雑になりすぎた惑星の運動をより単純に説明できることになります。この発想の転換は、「コペルニクス的転回」とよばれます。

ニコラス・コペルニクス

自然科学を説明するために、科学者は現象を説明できる一つのモデルを考えます。しかし、その現象を説明するためにそのモデルにこだわると、修正を余儀なくされ、だんだんと複雑なモデルにおちいってしまう場合があります。しかし、そのモデルをまったく捨て、発想の転換をはかることで、複雑にみえていた自然現象がまったく単純なモデルで記述できてしまう場合があります。まさに、天動説と地動説がその一例ですが、自然科学のなかでは多く見られる事実です。従来の常識、慣習にとらわれず、発想を一八〇度転換して自然科学現象をながめ、自然の法則を見いだすことがいかに重要な思考過程であるかをものがたっています。したがって、コペルニクス的転回は、宇宙モデルでの逸話にとどまらず、すべての自然科学の研究上でたいへん参考にすべき思考の過程です。

さて、コペルニクスの地動説に話を戻しますが、コペルニクスのモデルでは、やはり完全に惑星の運動は説明しきれませんでした。複雑な惑星のうごきを説明するためにプトレマイオスの天動説にあった周転円をやはり導入せざるをえなかったのです。この理由は、コペルニクスはあくまでも惑星は太陽のまわりを完全な円運動をすると仮定したことによります。完全な円運動が単純で美しいとする審美眼からコペルニクスでさえ、抜け出すことはできなかったのです。

コペルニクスの没後、二七年目にヨハネス・ケプラー（一五七一－一六三〇）がドイツに生まれました。ケプラーは、優秀な天文学者であったティコ・ブラーエ（一五四六－一六〇一）が観測した膨大な惑星のうごきにかんするデータをもとに惑星の運動を研究しました。その結果、惑星の軌道が真円ではなく、いびつなだ円であれば、周転円を導入することなく、うまく惑星のうごきを説明できることに気づきました。ケプラーは円軌道にかわってだ円軌道を考えるにいたったわけですが、当時、宗教の観点から自然は、完全な円を好むという自然観がありました。しかし、その自然観を捨て、〝ゆがんだ円〟を信じるにいたるまでにはかなりの苦闘があったと想像されます。しかし、発想の転回により、より正しい自然法則の理解へとむかっていったのです。ケプラーの惑星軌道にかんする法則は、のちにニュートン力学を生みだしました。ニュートン力学とは、物体の運動と力の関係を数学的な表現で明確にしたもので三つの法則（慣性の法則、運動方程式、作用・反作用の法則）から成り立ちます。これによって、日常的なスケールでの物体の運動や惑星の運動を正しく扱うことができるようになり、近代物理学の幕開けにつな

アイザック・ニュートン

がりました。

第1章2でふれたガリレオ・ガリレイ（一五六四－一六四二）も天動説を疑いました。一六〇九年に自分で望遠鏡をつくり、月や天の川に望遠鏡を向けたことは前述したところです。月の表面は、クレータで、でこぼこであり、天の川は星の集団であることを発見しました。また、木星に四つの衛星があることを発見しました。いまでは、ガリレオ衛星とよばれている木星の月です。また、ガリレオは太陽の黒点を発見し、金星が月のように満ち欠けするということも発見しました。これらの天体のようすは、アリストテレスの宇宙観である、天上の星は完全なものであるという価値観をくずすものでした。また、木星にも月が存在することは地球だけが例外的なものではないことを示唆していました。こうして、ガリレオはプトレマイオスの天動説を批判し、コペルニクスの宇宙モデルを支援しました。ガリレオがこの事実により宗教裁判にかけられ、有罪となったことはすでに述べましたが、「それでも地球は回る」と主張したという逸話は有名です。

しかし、地動説が正しいという直接的証拠はなかなか見つからず、それがみつかるのは、一八世紀になってからでした。これは、星の位置とその変化を測定する精密な観測を必要としたからでした。第3章7・8でくわしくふれたいと思います。

3 わたしたちの銀河（天の川銀河）を知る

コペルニクスの宇宙モデルでは、太陽のまわりを惑星がまわり、その外側に恒星が存在していて周回しています。そして、すでにふれたように、ガリレオは、望遠鏡でぼやっとガスのように見える天の川がじつは星の集まりであることを発見しました。星は無数にありそうですが、どのように分布しているのでしょうか。星の分布を最初に調べようとしたのが、第1章で述べたハーシェルでした。口径四七センチメートルの望遠鏡を用いて、視野に入る星の数を数え上げ、星のみかけの明るさを眼で見積もっていきました。これは――星の真の明るさがすべて同じで、星からの光は減光せずに届いているなど――現在ではまちがっている、いくつかの仮定のもとでしたが、はじめて天の川銀河の構造をさぐり出したことは重要な発見でした。また、わたしたちの太陽が天の川銀河の多数の星の一つにすぎず、その中心に位置するものではないことも明らかになってきました。

神が創りたもうた地球が中心であった天動説、それが太陽中心の地動説にとってかわられ、さらに、太陽もその中心から引きずりおろされました。宇宙は広大であり地球や太陽が中心に位置するのではなく、宇宙のなかのほんの一つの存在に過ぎないという認識が広がっていったのです。しかし、これで広がりが終わったわけではありません。わたしたちが認識できる宇宙の広大さは拡大し、わたしたちの存在は宇宙のほんの片隅にあるということがさらにわかってきたのです。

さて、天の川銀河の大きさについては、二〇世紀前半にシャプレーとカーチスという二人の天文学者の激しく争っていたことはすでに第1章3で述べました。しかし、なぜ天の川銀河の大きさについてこれほどまで議論が起こり、なかなか決着しなかったのでしょうか。

それは、天の川銀河内の星までの距離を決めることがむずかしかったからです。星や銀河までの距離をどのように求めるか、そのたたかいは、人類が宇宙の広さを拡大していったたたかいであるといってもよいのです。くわしくは、第3章で記述しましょう。

4　銀河宇宙を知る

わたしたちは、天の川銀河という星の集団の一員にすぎないことがわかってきました。

では、この天の川銀河が宇宙のすべてなのでしょうか？

ハーシェルは、つぎに一二〇センチメートルという当時としては、大型の望遠鏡を用いて観測を続けました。そして、星雲とよばれるぼやっとしたガスの固まりのようなものが、多数の星の集団であることを発見しました。では、この星雲がわたしたちからすぐ近くの距離にあるのか、それともきわめて遠くにあるのかはハーシェルにはわかりませんでした。しかし、ハーシェルは星雲がこの宇宙に無限個存在し、わたしたちの天の川銀河もそのなかの一つにすぎないという考えをもっていたようでした。じつはこの予想が正しいことがあとでわかったのですが、そこにいたるまでには長い年月と論争が必要でした。

まず、前述しました一九二〇年のシャプレーとカーチスとの公開討論会では、天の川銀河の大きさ以外にもアンドロメダ星雲までの距離についての論争が起こっていました。

シャプレーは、アンドロメダ星雲までの距離は小さく、天の川銀河のなかにあると主張しました。カーチスは、大きく見積もり、天の川銀河の外にあると主張しました。

カーチスはアンドロメダ星雲のなかにあらわれたいくつかの新星（新星とは、星が数日のうちに九から一三等も爆発的に明るくなり、その後、ゆるやかに減光《げんこう》し、爆発まえの明るさに戻るもの）が、天の川銀河にあらわれた新星に比べて平均で一〇等級暗いことに注目しました。もし、天の川銀河の新星と星雲のなかの新星の真の明るさが同じであると仮定すれば、星雲の新星が一〇等級暗いということは、星雲が天の川銀河にある新星より、一〇〇倍遠い距離にあるということを意味します。これがカーチスの説明でした。

いっぽう、シャプレーは、渦巻き星雲の回転速度を用いて距離を測りました。オランダの天文学者のアドリアーン・ファン・マーネンは、正面向きの渦巻き星雲内の星々が天球上で一年間にどれぐらいの角度動くのか(固有運動)を測定しました。すると一年間に〇・〇二秒角（一秒角は、三六〇〇分の一度です。ちなみに一度は六〇分、つまり三六〇〇秒です）という値でした。この固有運動の値をもとにカーチスの主張する星雲までの距離をかけると、星雲の回転の実速度はとてつもなく大きい値になってしまい、信じがたい数字になります。しかし、距離が七〇〇〇光年程度ならば妥当な回転速度になるということで、天の川銀河内という答えとなりました。

この論争に決着をつけたのが、エドウィン・ハッブル（一八八九－一九五三）でした。彼は、変光星《へんこうせい》をもちいて距離の評価をおこないました。天体までの距離を求める方法は、第3章で詳細は記述しますので、ここでは簡単に紹介します。

恒星には変光星とよばれる明るさが周期的に変化する星があります。その変光星の真の明るさ（地球から見た、みかけの明るさではなくて、星が本来もっている絶対的な明るさ）と周期には特徴的な関係があることが経験的にわかってきました。つまり、明るくなったり暗くなったりする周期が長ければ長いほど真の明るさが明るいことがわかってきました。すると、変光星の周期を測ることにより、その変光星の真の明るさが推定できます。いっぽう、わたしたちが見た変光星の明るさ、つまり見かけの明るさは測定できます。見かけの明るさは、真の明るさにたいして、遠くにあればあるほど暗くなっていきます。つまり、真の明るさと見かけの明るさを比較すれば、その星までの距離が推定できるのです。変光星の真の明るさが周期から推定でき、いっぽう、その変光星の見かけの明るさは観測できますので、それらを比較して、その変光星までの距離がわかるのです。変光星にもいくつか種類がありますが、セファイド変光星という種類の変光星は真の明るさが明るく、比較的遠くにあっても見つけやすいので距離を決める際によくもちいられます。

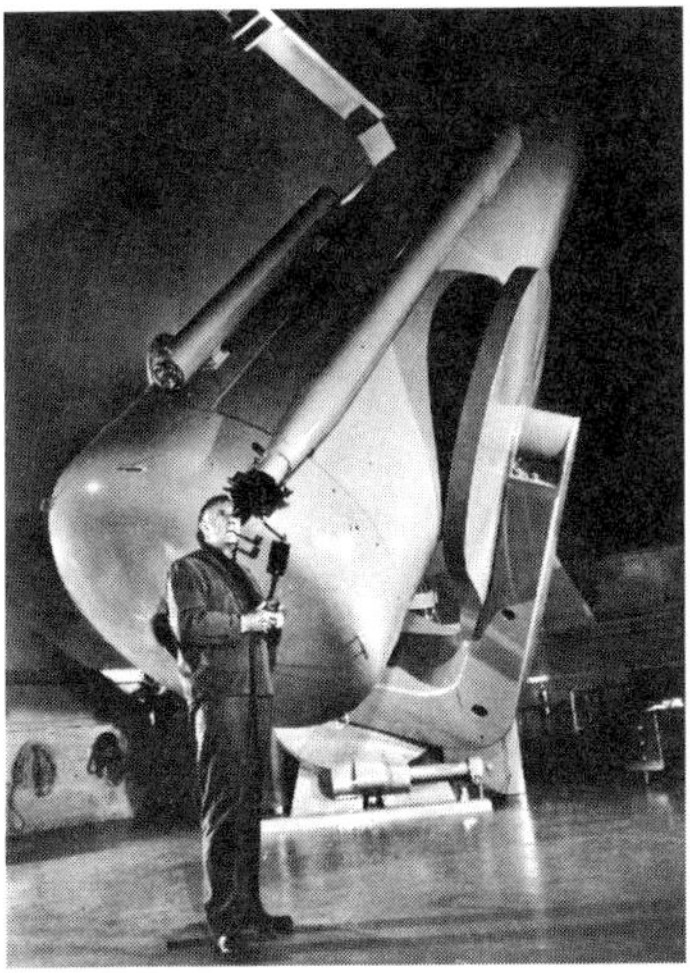

エドウィン・ハッブル

この変光星をもちいることにより、わたしたちの天の川銀河の大きさや星雲までの距離が決まっていきます。その結果、アンドロメダ星雲は、天の川銀河の外にある銀河（系外銀河）であることがわかったのです。そして、星雲には二種類あり、系外銀河以外に、オリオン星雲などのように星が一〇〇－一〇〇〇個集まった星団で天の川銀河内にあるものもあることがわかりました。シャプレーがまちがえたのは、星雲までの距離を小さいと評価した根拠である、マーネンの固有運動（星が天球上で一年間にうごく角度）の測定誤差が大きかったことが原因のようでした。マーネンも再測定した結果、固有運動は検出できず、以前の誤りを認め、一件落着しました。

こうしてわたしたちの宇宙は、わたしたちの天の川銀河がすべてではなく、ほかにも同様の銀河が無限に存在している銀河宇宙（むかしは、銀河を一つの島とみたてて、島宇宙とよばれた）であることがわかってきました。とうとうわたしたちの天の川銀河までが宇宙の中心の座からはずされ、唯一の存在ではなく、ほかの無数の銀河のなかの一つの銀河にすぎないことがわかってきたのです。

一九二〇年のシャプレーとカーチスとの論争は、天の川銀河の大きさについては、シャプレーが勝《まさ》り、星雲までの距離についてはカーチスの勝ちでした。二人の勝負は結局、一勝一敗の引き分けというところでした。この論争によって、天の川銀河の大きさ、系外銀河の存在とそこまでの距離がわかりました。二人の論争は人類が認識する宇宙を広げるうえで、意義深い出来事でした。

5　宇宙の大構造と膨張宇宙を知る

わたしたちの宇宙には無数の銀河が存在していることがわかりましたが、では銀河の分布、つまり銀河の地図はどのようになっているのでしょうか？

銀河の地図をえがくためには、はるか遠くまでの銀河の距離がわからなくてはいけません。比較的近くの銀河ならその銀河のなかに変光星が見つかれば、変光星の周期と真の明るさの関係をもちいて、その銀河までの距離がわかります。銀河を分解して変光星を測定できないほど遠くにある銀河については、第3章5で説明するような方法をもちいて銀河までの距離を測ります。つまり、銀河の真の明るさと銀河自体の特徴（たとえば、渦巻き銀河の場合は銀河の回転速度）が関係することがわかり、二、三億光年先の銀河までの距離を確定してきました。

では、それより遠い銀河までの距離はどうすればわかるのでしょうか。じつは、遠くの銀河がおおよそどの程度の距離にあるかを知る手段があります。それは、ハッブルが天の川銀河の大きさや星雲までの距離をセファイド変光星の測定から導き出したハッブルの法則をもちいます。

ハッブルの法則とは、わたしたちから遠い銀河ほどその距離に比例して、わたしたちからはやい速度で遠ざかっているという法則です。ハッブルはこの法則を一九二九年に発表しました。じつは、これは宇宙空間が膨張している直接的な証拠にほかならないのです。

ハッブルは、当時アメリカのウィルソン山天文台に建設された口径二・五メートルの反射望遠鏡をもちいて、セファイド変光星を含《ふく》む銀河の距離を求めました。

では、銀河が遠ざかる速度はどのように求めたのでしょうか。

それには、ドップラー効果をもちいます。これは、オーストリア人の物理学者でプラハ大学の教授であったドップラーが一八四二年に導き出したものです。この効果は、音源が、静止している観測者に近づくと観測者の受ける音の波長が短くなり高い音で聞こえ、逆に音源が観測者から遠ざかるときは、波長が長くなり、低い音になるという効果です。

たとえば、踏切で電車を待っているると電車が近づいてくるときは電車の音が高く聞こえ、

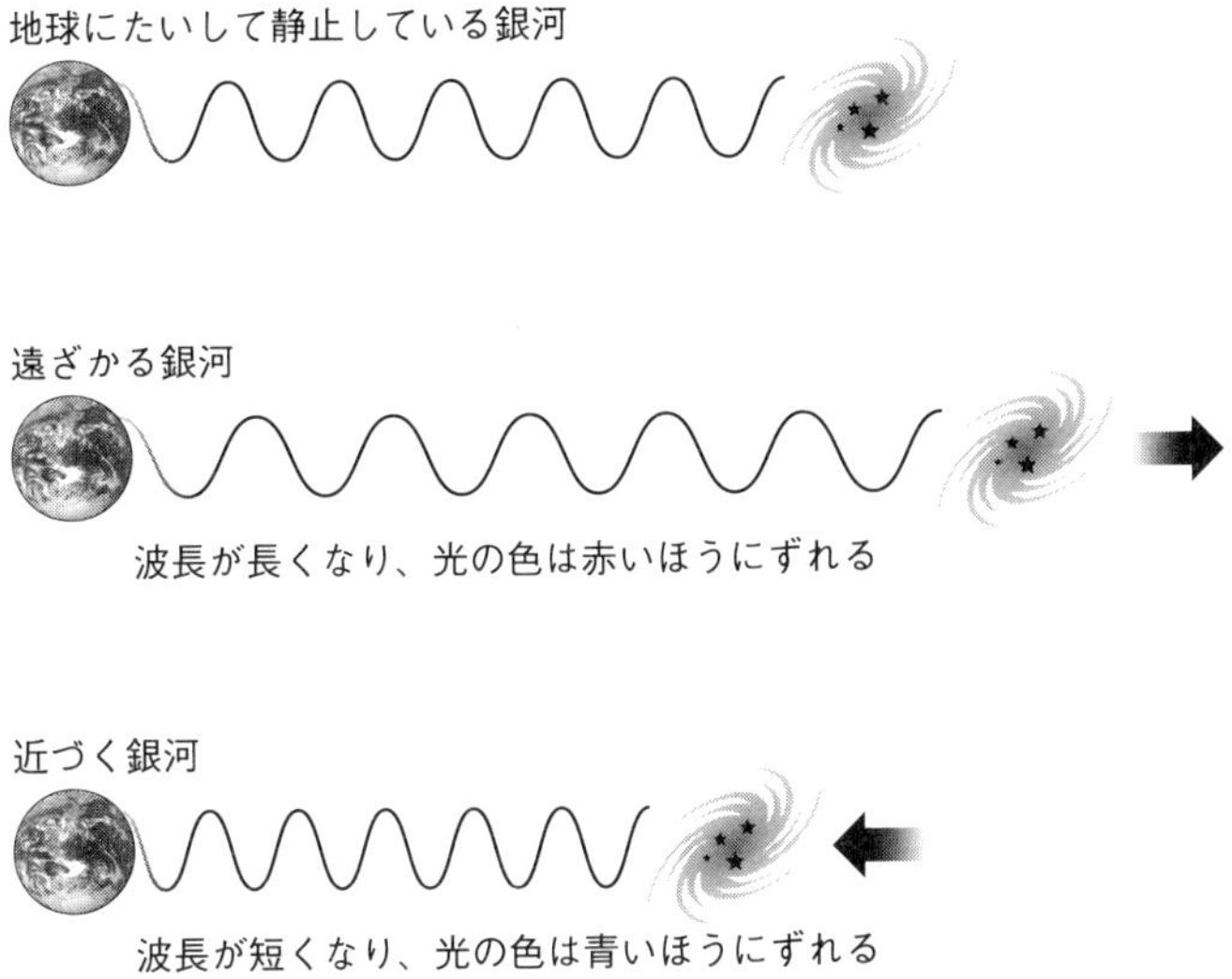

光のドップラー効果

目のまえを通り過ぎて電車が離れていくと音が低く聞こえるという日常、わたしたちが経験できる現象です。また、波長の変化は、電車（音源）の速度が大きいほど、大きくなります。

この効果は、音だけではなくて、光にもあてはまります。光源が観測者から遠ざかるときは、光の波長は長くなり色は赤いほうにずれます。この効果を赤方偏《せきほうへん》移《い》とよびます。恒星の光をプリズムをとおして、波長ごとの光にわかれて得られるものをスペクトルとよびます。太陽光線をプリズムにとおすと虹があらわれますが、これが太陽光線のスペクトルです。恒星のスペクトルをみるとそのなかにある特定の波長の個所だけ暗くなっている部位があります。これはその恒星表面のガスに含まれている元素によってその元素特有の波長の光だけが吸収されるため暗くなっているのです。地上の実験によって、どの元素がどの波長の光を吸収するかはわかっています。ところが、恒星やそれを含む銀河がわたしたちから遠ざかっていれば、その特徴的な波長が赤いほうへずれるはずです。そして、そのずれ方は遠ざかる速度に依存しています。このようにして、銀河のスペクトルを測定し、ある元素による特徴的な波長での暗部が、どの程度、波長がずれているかを測定することにより、銀河が遠ざかる速度がわかるわけです。

ハッブルによってわかったことは、遠くの銀河はすべて赤方偏移を示していることでした。そして、銀河までの距離が遠いほど、それに比例して、偏移が大きく、遠ざかる速度が大きいことでした。

この観測事実は、当時発表されていたアインシュタインの一般相対性理論を宇宙全体に適用した膨張する宇宙モデルの特徴とも合致していました。このようにハッブルの観測事実は宇宙空間の膨張と結びつけられ、膨張の証拠となったのです。

宇宙空間の膨張の発見につながったハッブルの法則ですが、この法則をいったん認めれば、原理的には銀河までの距離をおおよそ測ることができます。つまり、距離のわからない遠くの銀河にたいして、スペクトルの赤方偏移を測定することによって、遠ざかる速度がわかり、ハッブルの法則より距離が推定できるのです。ただし、この速度と距離が比例する比例係数は、比較的近くの、距離がほかの方法でわかっている銀河をもちいて決めています。

さて、銀河の地図をつくるためには、より遠くの銀河を調べなくてはなりません。わたしたちからより遠い銀河の調査をおこなおうとすると、それだけ多くの銀河を観測する必用がありますし、また、遠方の銀河ほど暗くなり、観測がしにくくなります。したがって、広大な領域の銀河の地図を書くためには、暗い銀河まで含むきわめて多数の銀河の観測をおこなわなければならず、実際上は困難でした。

一九八一年、アリゾナ大学のカーシュナーら四人の天文学者によって、北天のうしかい座の方角に直径が三億光年もある巨大な空洞（ボイド）の存在が発見されました。それから五年後の一九八六年、「赤方偏移

アルバート・アインシュタイン

探査（レッドシフトサーベイ）プロジェクト」を進めていたハーバード大学天体物理学センターのゲラーが宇宙の泡構造を発見したと発表しました。それによると銀河は直径六〇〇〇万光年から一億五〇〇〇万光年にもおよぶ巨大な泡状の空洞（ボイド）の表面上に分布しているというものであり、この泡は、あたかも台所の流し台いっぱいに広がった洗剤の泡のように、宇宙全体を覆い尽くしているのです。銀河はまばらに散らばっているのではなく、銀河が数個から五〇個程度集まった銀河群、五〇個－数百個銀河が集まった銀河団をつくっていることは宇宙の泡構造の発見まえから知られていましたが、これらの銀河群、銀河団も孤立して存在しているのではなくて、複数個つらなってシート状やフィラメント状に集まって超銀河団を形成している場合があります。これらの超銀河団が泡構造の〝膜〟を構成していることが明らかになってきたのです。その後も銀河のより広く遠い領域の地図づくりが進んでいます。

図は、ＳＤＳＳ（スローン・デジタル・スカイ・サーベイ）プロジェクトによって得られた銀河の地図です。扇の要が地球（天の川銀河）の位置にあたります。えがかれている一つ一つの点が銀河一個の位置にあたります。地球から離れれば離れるほど遠くにあります。まさに宇宙の大構造が描かれています。図の中の数値0.1で約一三億光年先になります。

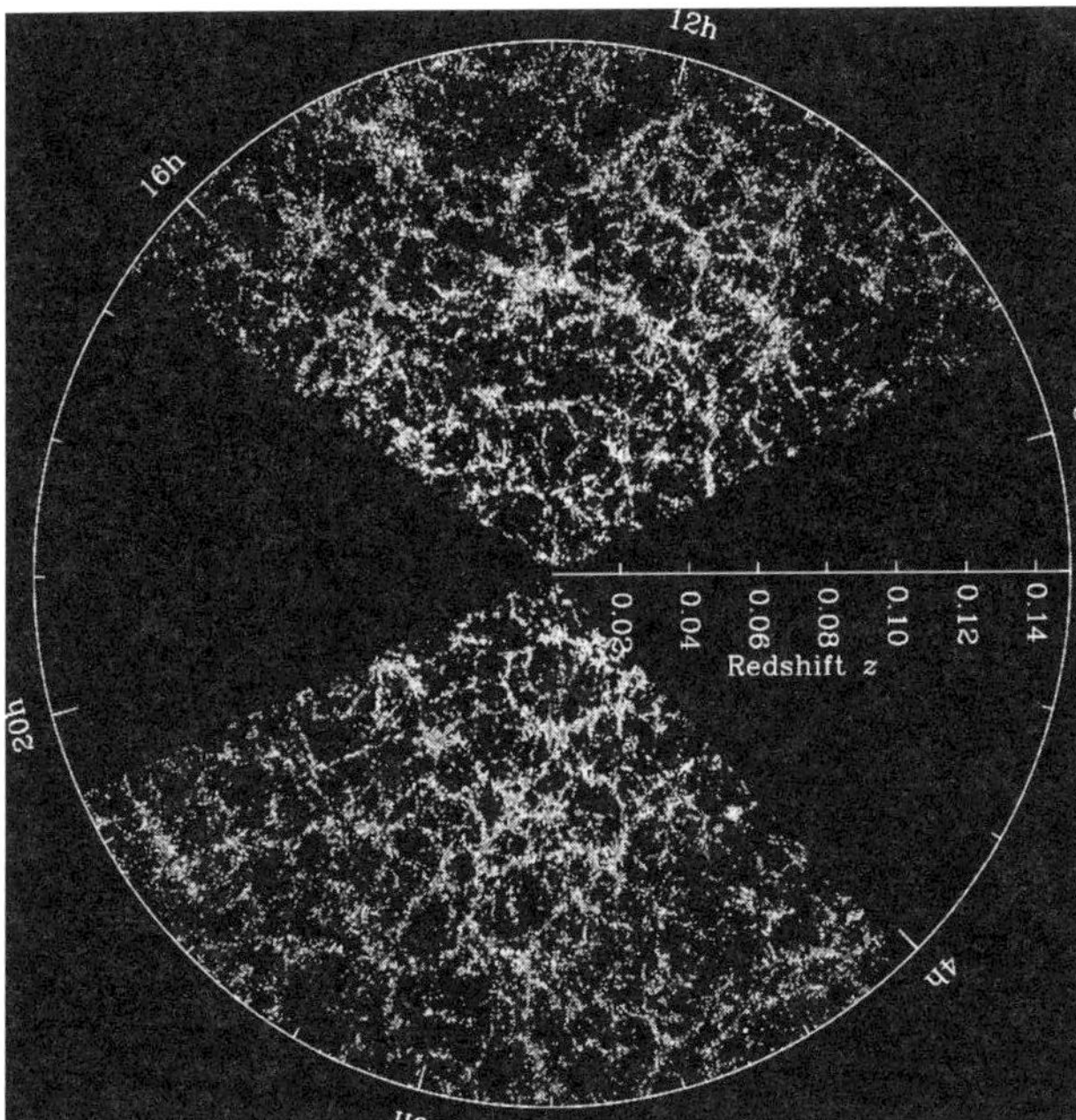

SDSSは、全天文の４分の１にわたって１億個以上の天体の位置と明るさを測定して地図をつくり、また100万個の銀河とクェーサーにたいしての距離（赤方偏移）も測るという観測プロジェクト。SDSS用の口径2.5メートル望遠鏡は、アメリカのアパッチポイント天文台に設置されている。(SDSS)

ところで、扇形以外の暗い部分は、天の川の方向にあたり、天の川に遮られて遠くの銀河が観測されていない部分です。

現在までにこうした紆余曲折《うよきょくせつ》をへて、わたしたちが認識できる宇宙の大きさが広がり、また宇宙は太陽系から大構造までの階層構造が存在することがわかってきました。では、いったいこうした階層構造はどのようにしてできてきたのでしょうか。

6 宇宙の進化

●——天体はどのようにできたか

宇宙の進化やその構造の形成を研究する究極の理由は、人類の位置づけを知ることです。宇宙ができ、そのなかで銀河、星、惑星ができ、生命ができて、わたしたちがいます。なぜ、わたしたちがいまここにいるのかを知りたいわけです。

では、どのようにして天体ができてきたのでしょうか。

恒星は、現在わたしたちの天の川銀河のなかでも誕生を続け、惑星が誕生しつつある恒星も観測されています。このように恒星や惑星系の形成は宇宙全体の進化とは直接は関係しません。しかし当然、宇宙ではじめて誕生した最初の星、〝一番星〟がいつどのようにできたのかという問題は、銀河の誕生とも関係し、宇宙全体の進化のなかで考えるべきことです。もちろん、銀河や宇宙の大構造の形成は宇宙全体の進化を説明する宇宙モデルと密接にかかわり、宇宙全体の進化のなかでどのように形成されてきたのかを考える必要があります。

じつは、恒星、惑星系、銀河などの天体がどのようにできてきたのかはまだわかっていないことがたくさんあります。現在も精力的な研究が続けられていますが、大構造や銀河の形成について現在考えられている標準的なシナリオを紹介しましょう。

●――宇宙の進化を説明するには

標準的なシナリオを説明するまえに、まず宇宙全体というさまざまな天体の入れものがどのように創成され、どう進化してきたのかを考えてみましょう。

さて、宇宙全体の進化を考えたモデルを宇宙モデル（宇宙の時空に関するモデル）とよびますが、この宇宙モデルの構築について考えてみます。

自然科学では、条件をいろいろとかえて実験をしたり、さまざまな現象を観測・比較して、その共通点や相違点からなんらかの法則を見出すようにしています。それを帰納法《きのうほう》とよんでいます。しかし、人類が観測できる宇宙は一個しかありません。ほかの宇宙と比較するわけにはいきません。しかも、わたしたちは宇宙のなかに住んでいるため、宇宙全体をみることができません。

では、どのようにすると宇宙全体のことがわかるのでしょうか。そのとき、わたしたちは演繹法《えんえきほう》をつかいます。つまり、物理法則と原理・仮説をもとにモデルをつくり、そのモデルが予見するような事実・現象があるかどうかを調べます。予見した事実が実際に多くあれば、そのモデルは必要条件レベルでかなり正しいと判断します。何か予見したことが現実と矛盾していれば、モデルのどこかがまちがえていることになり、そのことをフィードバックして訂正します。原理がちがうのか、つかった法則がおかしいのかを判断して、再度モデルのつくり直しをおこなうわけです。

さて、宇宙モデルで使う法則は、一般相対性理論です。

中学や高校でならうニュートン力学は、時間は一次元、空間は三次元ではっきりしています。神様かだれかが与えてくれた絶対的な時間と絶対的な空間があると考えるわけです。それは日常、わたしたちが実感している世界です。

しかし、一九〇五年ごろにできた特殊相対性理論ではそうは考えません。普通はニュートン力学で十分ですが、わたしたちにたいして光の速度近くで等速運動しているような別の系と、静止しているわたしたちの系とを比べると、かなり様子が異なったものとなります。たとえば、時間の進み方が異なり、動いている系では時間がゆっくりと進む、さらに静止している系からみると、動いているものは運動している方向に縮む、といったことが起こります。光速度近くまでいかなくても、厳密には、ある速度でお互いが等速度運動していると、微少なりとも、異なっているのです。たとえば、新幹線に乗っている人や、飛行機に乗っている人も、わたしたちと互いに等速運動していると、この場合でも、きわめて微少ですが、乗り物にのっている人たちのほうが、静止している人と比べると時間がごくわずかですがゆっくりと進んでいます。また、静止しているわたしたちが同時だと思っていることも、動いている人にとっては、同時からずれます。これは、光の速度が静止している系でもそれにたいして動いている系でも、どこでも同じ速度であるという普遍的な事実に起因しています。

図をご覧下さい。じつは、このように時間軸・空間軸が系によって異なるのは、光の速度がどの系で見ても一定であるという実験でも確かめられた条件があるからです。光のみ

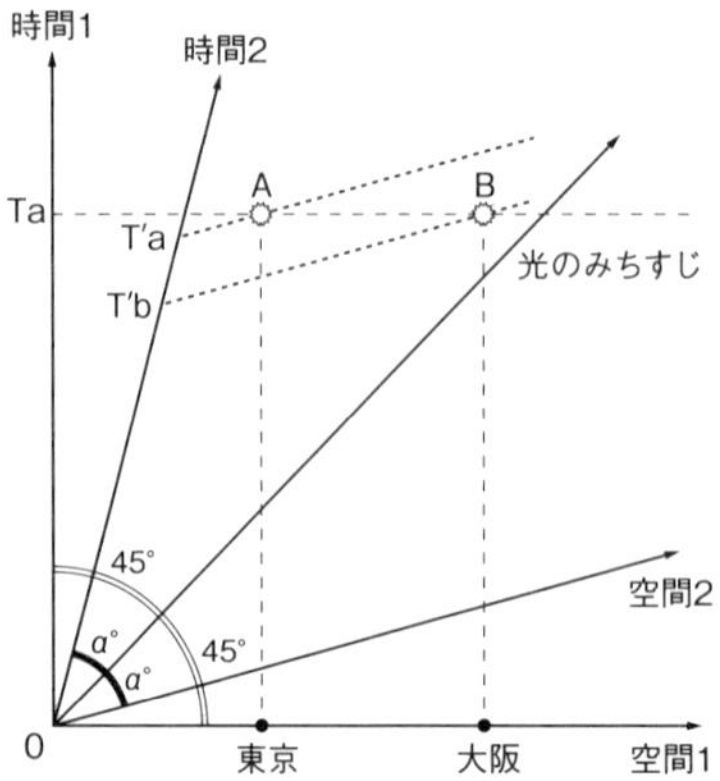

静止している系での時間軸、空間軸が時間1, 空間1の軸になる。
また、動いている系での時間軸、空間軸は時間2, 空間2の軸になる。
図中のA, Bはそれぞれ起きた“事件”をあらわす。
たとえば、静止している系ではAは時刻Taに東京で起こった“事件”になる。動いている系では同時の“事件”は、空間2の軸と平行な直線で表されるため、Aは時刻T'a, Bは時刻T'bで起こる。“光のみちすじ”と書いた直線は時刻0, 空間0から出た光の進むみちすじになる。

特殊相対性理論の概念図

ちすじにたいしてこのように時間軸と空間軸が決まっていれば、どちらの系で見ても光の速度は一定になります。

するとおもしろいことが図からわかります。静止している系では、たとえば空間1と2で起きた事件は、同じ時刻Taで起こっています。つまり、事件は、〝同時〟に起こっています。しかし、動いている系では、東京では時刻がT'aに、そして大阪ではT'bで起こり、Aのほうが後で起こっていのです。つまり、静止している系で〝同時〟でも動いている系では〝同時ではない〟のです。

このように、異なった系では、時間と空間の軸がちがうため、時間と空間という概念は絶対的なものではなくて、どの系にいるか、ということによります。つまり、特殊相対性理論では、時間と空間という概念は絶対的ではなく、（一次元の）時間と（三次元の）空間を合わせた四次元時空だけが絶対的な意味をもつのです。いろいろな実験などから、特殊相対性理論は正しいことが証明されています。

この特殊相対性理論に重力をいれたのが、一般相対性理論です。特殊相対性理論は時間と空間が一体でしたが、その時空一体は神様かだれかが与えてくれた絶対的なものという考えでした。一般相対性理論では、時空のなかにはいっている物質のエネルギーや運動量によって、時空自体が自由自在に変幻《へんげん》します。時空がかわると、なかの物質の運動も変化します。そうすると、時空がさらに変化します。このように、物質も時空も一体となって変幻自在になるというのが一般相対性理論です。時空も変動するという点がポイントです。

たとえば、うすいゴムシートに重い物をのせるとそこだけへこみます。そのまわりにひじょうに軽い物をおくと、その重たい物体によってできたへこみによって、軽い物体は重い物体に引かれていくかと思います。このゴムシートのへこみが、空間の歪みであり、重たい物を置くことによって、〝時空〟（この例の場合は、三次元空間のみ）が変化し、まわりの物体を引き寄せます。それが、〝重力〟の正体であり、空間の歪みによって生じると一般相対性理論では考えます。最初に置いた重たい物体の近くに同じ程度に重たい物をの

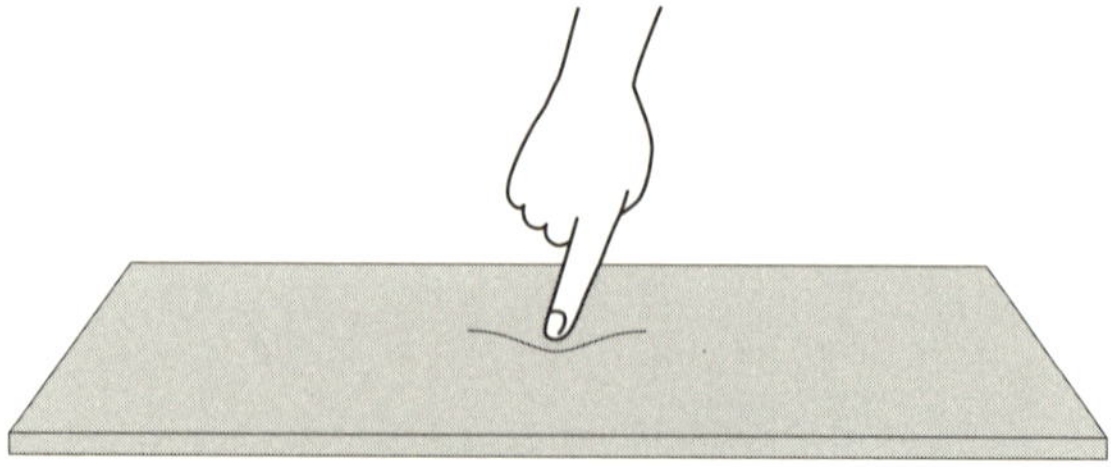

うすいゴムシートのような平面

ゴムシートの上にボールをのせると、
ボールの重さでゴムシートはへこんで曲がる。

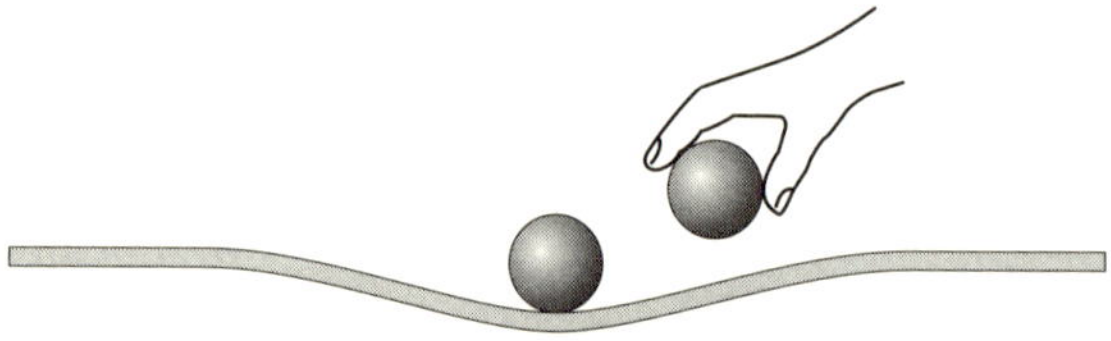

別のボールをのせると、

ゴムシートはさらに曲がり、
2つのボールは近づいてくっつく

せると全体でへこみが二つできて、二つの物体がお互い近づいていくことによって、へこみの様子が変化していくことが容易に想像できるかと思います。これが、まさに、物体の運動によって、空間の歪み、つまり〝時空〟が変化していくことに相当します。宇宙全体を扱うときや、大きさがかなり小さくて重力が強い天体現象を扱うときは、一般相対性理論を適応する必要があります。

では、一般相対性理論ではどんな方程式になるのでしょうか。一般相対性理論では、物体の運動、エネルギーが変化すると四次元の時空が変化し、さらにその時空の変化により、物体の運動やエネルギーがさらに変化するということをあらわす方程式になっています。これが、いわゆるアインシュタイン方程式とよばれるものです。

膨張する宇宙

アインシュタイン方程式は時空や物質のエネルギー、運動量の変化量にたいして書かれた方程式になっています。この方程式を解いて解を求める、つまり宇宙の時空を得るためには、境界条件といって、ある場所がどんな値になっているかをあたえないと解けません。

しかし、わたしたちは、宇宙の端がどうなっているか、どこがどうなっているかはわかりません。

そこで、宇宙原理をたてます。つまり、宇宙は大局的には一様で等方であるとするのです。一様というのは、どの場所も物理法則は同じようになっているということです。等方とは、三六〇度見わたしても同じであるということです。見る方向がちがっていても、何かちがっていることはないという仮定です。これを宇宙原理といいます。これは、わたしたちが天文学の歴史から学んできたことも踏まえています。つまり、天動説から地動説へ、そして天の川銀河の存在と太陽が天の川銀河の中心からはずれていること、さらには天の川銀河も唯一ではなく、そのような銀河が無数に存在することを認識してきました。わたしたちは宇宙の中心にあるのでもなく、また唯一の存在でもなく、宇宙はどこも〝同じ〟であるというわけです。

さらに、この原理は、現在のところ、観測事実からしてもあっていると考えられています。ただし、一様というと、おかしいと思われるかたがおられるかもしれません。つまり、宇宙の大構造のように銀河が密集しているところもあれば、ほとんどないところもあり、一様ではなくてムラになっているではないか、と。しかし、もっと大きなスケール、すなわち宇宙全体の一四〇億光年でみるとじつに宇宙はなめらかです。宇宙の大構造といって

細かく見ると粒つぶだけど全体としてはなめらか

も、宇宙の平均密度にほぼ等しくなっています。

たとえば、机などをさわるとほぼなめらかでも、電子顕微鏡でみると、原子分子レベルでは粒つぶにみえるのと同じです。宇宙を細かくみれば、銀河などで粒つぶにみえますが、もっと大局的にみれば一様にみえます。

さて、一般相対性理論のアインシュタイン方程式から宇宙原理のもとで導き出された方程式（フリードマン方程式）を解くと、時間にたいして宇宙の大きさが時間の累乗《るいじょう》で膨張したり収縮したりするという解が得られます（フリードマンの解）。

さらに、あるエネルギーをもった、密度

が時間的に一定な場があれば、累乗ではなく、宇宙の大きさが約二倍、二倍、二倍（指数関数的に）と膨張する解（ドジッターの解）もあります。このように宇宙空間が動的、収縮したりする解もありますが、アインシュタイン自身は、アインシュタイン方程式に宇宙項をいれて、膨張・収縮をなんとか止め、宇宙は静的であると考えていたようです。

ところが、第2章5で述べましたが、一九二九年、アメリカの天文学者ハッブルが、「遠い銀河ほど、その距離に比例してわたしたちから速く遠ざかっている」（ハッブルの法則）ことを発見しました。このことは、現在、宇宙空間が膨張していることの証拠になっていると書きました。それは次のような理由からです。

一般相対性理論は、時空が変化して、空間が膨張してもよいことを許していました。実際、空間が膨張する解を含むフリードマンやドジッターの解はそれぞれ一九二二年、一九一七年に出されていましたが、空間が膨張する場合はハッブルの法則にしたがうことが理論的に出されていました。また、じつは、一様性を仮定すれば、どのモデルでもハッブルの法則にしたがうことになります。したがって、一般相対性理論があって、一様性を仮定していれば、あらかじめ空間の膨張がハッブルの法則にしたがうことは予見できていたのです。ですから、ハッブルによる観測結果は、まさにこの予見を実証したことになります。

ハッブルによって、この観測事実が明らかになったとき、アインシュタインのご威光もあり、一般相対性理論が受け入れられており、この観測事実は空間が膨張しているのだと、すぐに素直にうけとられたと思われます。

●——宇宙の進化を決めるもの

宇宙が膨張しているといっても、それ以後、膨張を続けるのか、それともいつか収縮に転じるのかはわかりません。ボールを投げれば放物線を描くことはみなさんもわかると思いますが、いつ、どこに落ちるかは、初期条件のあたえ方（投げ出されたときのボールの位置とかそのときの速度）によってかわります。それと同じように、宇宙がどう進化するのかということも、初期条件が必要ですが、初期条件を与えることは容易ではありません。そこで、現時点での値をあたえます。それをわたしたちは宇宙論パラメータとよんでいます。そのひとつが、宇宙に、重力を担う物質がどれくらい含まれているのかという値で、密度パラメータとよばれています。

さて、現在の宇宙には、重力を担う物質が三種類あります。

わたしたちの身のまわりのものは、普通の元素からできていますが、こういった水素やヘリウム、鉄、酸素など普通の物質をバリオンとよんでいます。厳密にいうとクォークという素粒子が三つ集まってできているものをバリオンといいます。この普通の物質は、全宇宙のなかでは四%ほどしかないことがわかっています。

もうひとつは暗黒物質（ダークマター）です。それは、バリオンとはちがう、えたいの知れない素粒子で、その実態は不明ですが、それが二〇%ほどを占めています。バリオンとダークマターを合わせた密度パラメータをたんに物質の密度パラメータとよびます。

さて、第三のものは、暗黒エネルギー（ダークエネルギー）とよばれているもので、なにか宇宙空間に一様に満々とあるエネルギーのかたまりが七六%を占めているというのが現在の観測事実です。このダークエネルギーにたいする（エネルギー）密度パラメータが第二の宇宙論パラメータとなります。

あと宇宙論パラメータとしては、現在の宇宙の膨張率です。じつは、これはハッブル法則での〝比例係数〟に相当していて、ハッブル定数とよばれています（つまり、銀河の遠ざかる速度＝ハッブル定数×銀河までの距離）。さらに、減速パラメータとよばれるもの（宇宙膨張が減速しているか加速しているか、その度合いをあらわすもの）、そして空間の曲がり具合をあらわす空間曲率も宇宙論パラメータの一つです。

つまり、整理すると物質の密度パラメータ、ダークエネルギーの密度パラメータ、ハッブル定数、減速パラメータ、空間曲率が宇宙論パラメータです。ただ、これらのパラメータには関係があり、三つのパラメータの値が決まれば、残りの二つのパラメータの値は決まってしまいます。

たとえば、空間曲率は、物質とダークエネルギーの密度パラメータとハッブル定数から、決まります。じつは、宇宙の空間曲率には三種類あります。空間曲率がプラスの場合は球面のような閉じた空間であり、空間曲率がゼロの場合は平坦な空間となります。そして、空間曲率がマイナスの場合、馬の鞍《くら》型のような形状になります。最近の観測によると、曲率はほぼゼロとなることがわかっています。

ですから、わたしたちの宇宙は、現在、ほぼ平坦な空間であることが確からしくなっています。

ただし、これも宇宙の教科書をみると誤解を与えるのですが、曲率がゼロとか負のときは、よく「開いた宇宙」であるといわれます。空間が無限にあるように書かれていますが、それはまちがいです。空間の曲率がゼロでもマイナスでも、「閉じた空間」はありえます。「開いた宇宙」という表現はよくありません。閉じている（有限空間）か、開いている（無限空間）かは現段階ではわかっていません。

いずれにしても、現在の観測によると、空間はほぼ平坦です。しかも、ダークエネルギーが観測から示唆されるように大きな割合で存在しているとダークエネルギーの斥力《せきりょく》（反発しあう力）の効果のため、現在の宇宙は、フリードマンモデルのように時間の累乗でゆっくり膨張しているのではなく、加速度的に膨張しています。後述するように宇宙のごく初期にインフレーションがあったといわれますが、現在もインフレーションをしているのです。

ダークエネルギーについては、場のエネルギーなのか、（閉じた宇宙の場合だと）有限の宇宙の体積エネルギーなのか、よくわかりません。さらに、ダークマターについてもわかっていません。その候補として、ノーベル物理学賞を受賞された小柴昌俊氏が超新星爆発からとらえたことでも有名になった、ニュートリノ*があります。これは宇宙初期からウヨウヨしています。たったいまも、みなさんのからだをニュートリノが通過しています。これに質量があればよいのですが、これまでの理論では質量はゼロです。しかし、岐阜県飛騨市の神岡にある観測装置「スーパーカミオカンデ」などでニュートリノに質量があることが明らかになっています。ただ、きわめて軽い可能性が高く、もしそうだとすれば、ニュートリノは宇宙全体の重力を担うもののうちの二〇％を占めるダークマターの候補であるとは考えにくいといえます。ただし、ニュートリノの質量はまだはっきりわかっていません。質量があることはほぼまちがいありませんが、その値自体は不明なのです。

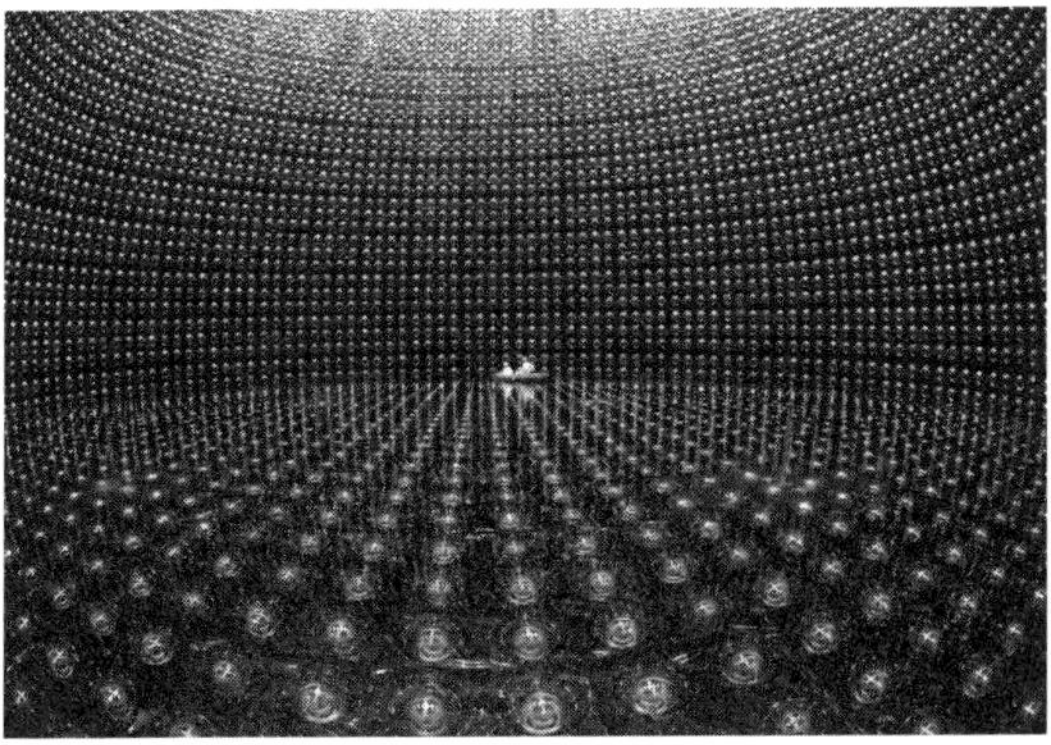

スーパーカミオカンデの内部。地下1000mにつくられた観測装置で光電子増倍管が取りかこむ。ここに水がそそがれる。（東大宇宙線研究所神岡宇宙素粒子研究施設）

いっぽう、ニュートリノとくらべて、宇宙の初期からきわめて〝ゆっくり〟としか動かないダークマターを冷たいダークマターといいますが、その候補として、フォチーノ、アキシオンなどの粒子があります。ちなみにニュートリノはすばやく動いている粒子で熱いダークマターといわれています。

フォチーノ、アキシオンなどは、素粒子物理学から存在すればよいといわれている粒子

＊素粒子の一種。電荷はもたず、質量は従来、ゼロとおもわれていたがきわめて小さいが存在することが確認された。

ですが、銀河形成や宇宙の大構造形成からも冷たい暗黒物質の存在が望ましいとされています。しかし、冷たい暗黒物質の正体は不明で、二一世紀の大きな課題のひとつです。

●——ビッグバン

宇宙のごく初期に、あるエネルギーをもった、密度が一定な場があり、前述したドジッター解にしたがって、宇宙の大きさが約二倍、二倍、二倍と（指数関数的に）膨張が起こったと考えられています。これはインフレーションモデルとよばれています。二倍、二倍という膨張が一〇〇回程度ほど短時間、10^{-41}秒で起こります。

たとえば、一ミクロン（一〇〇万分の一メートル）の金箔を用意して折り紙みたいに一〇〇回折りたたむと、どのくらいの厚さになるかというと、じつは一億光年の厚さになります。なんと宇宙の大構造のサイズとなります。一ミクロンの金箔が一億光年になるのに、わずか10^{-41}秒です。これがインフレーションです。

もしインフレーションがあったとすれば、その後にビッグバンが起こります。インフレーションを引き起こした場がエネルギーを転化して、わたしたちの物質にエネルギーを与えました。そこでビッグバンが起こったのです。そこは高温・高密度の状態でした。一様等方で宇宙は膨張し、膨張によって温度や密度がじょじょに下がって現在になったのです。

　ビッグバン直後は、素粒子とよばれる電子・クォークなど物質をつくる基本粒子がたくさん混沌《こんとん》と存在していました。二〇〇八年のノーベル物理学賞は日本の物理学者三名（南部陽一郎氏、小林誠氏、益川敏英氏）が受賞し、盛り上がりましたが、その際に、クォークという最小の素粒子があることが話題になりました。たとえば、クォークが三個集まって、陽子とか中性子といった（原子の中心部分にある）原子核を構成する素粒子をつくっ

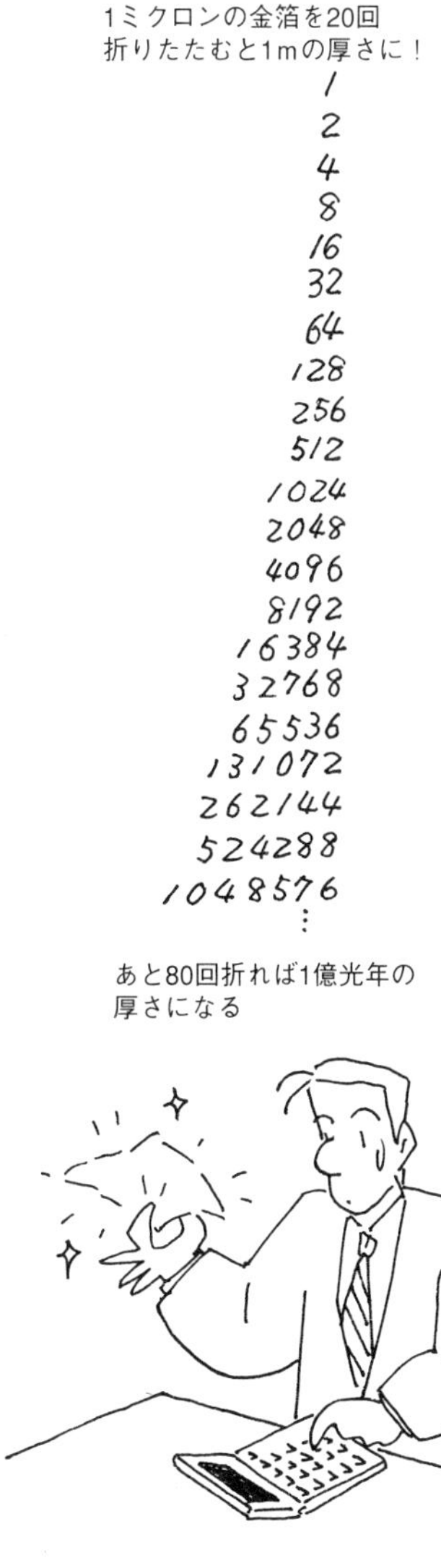

ています。

ところで宇宙のごく初期の高温・高密度の状態では、クォークにたいして電荷などが反対ですが、性質は同じ反クォークとよばれる素粒子も存在していました。クォークから構成されている、現在存在する物を物質とよぶとすれば、反クォークから構成されるものを反物質とよびます。宇宙のごく初期には、ほぼ同じ量の物質と反物質がありました。もし、宇宙にまったく同じ量の物質と反物質があれば、お互いに対消滅して、〝光〟になってしまい、この世には物質がなくなってしまったはずです。しかし、現在、物質が存在するのは、物質と反物質がまったく等量あったのではなく、対称性のわずかな破れがおこり（クォークのほうが、一〇〇億分の一ほど反クォークが多くなり）、全体の数の一〇〇億分の一ぐらいのクォークがわずかに残り、現在は物質だけが存在しているのです。

さて、温度や密度が減少するにつれて、クォークから陽子や中性子ができ、さらに宇宙誕生から約三分後にヘリウムなどの軽元素が生成しました。それから、時を経て原子や分子が形成されました。もちろん、重い元素は星のなかで形成されますが、ある程度軽い元素であるヘリウム、ベリリウム、リチウムなどが宇宙の初期にできたと考えられています。

いっぽう、宇宙が高温・高密度状態のときは、電磁波が物質からでたり、吸収されたりして、放射は熱平衡状態《ねっへいこう》になっていました。熱平衡状態では、放射の強さはプランク分布とよばれる分布をします。プランク分布とは、放射の波長とエネルギー強度の関係を示すものです。熱平衡状態の温度が一定のもとでは、放射の波長だけでエネルギー強度が決まります。

以上のように、きわめて高温・高密度の熱平衡状態（火の玉）から出発して、空間膨張により温度、密度が減少していく物質や放射の進化を表すモデルをビッグバンモデルといいます。

さて、宇宙の膨張によって、温度が下がり、ある段階から熱平衡でなくなりますが、放射の温度が現在まで下がって、宇宙が火の玉だったときの放射のなごりが約二・七Kの宇宙背景放射《うちゅうはいけいほうしゃ》（電波）としてみえています。これを、一九六五年にアメリカのベル研究所にいたペンジアスとウイルソンが偶然発見しました。これがビッグバンの証拠となっています。

宇宙が膨張していることは、一九二九年に明らかになっていましたが、ビッグバンはなかなかうけいれられませんでした。膨張していても、宇宙はむかしもいまも姿がかわらないという定常宇宙論《ていじょううちゅうろん》がはびこっていました。ところが、宇宙背景放射の発見で、ビッグバンは正しいことが判明しました。ヘリウムの存在量をうまく説明できたのもビッグバンの証拠ですが、宇宙にみち満ちている宇宙背景放射の存在は宇宙がかつて、熱いビッグバンの熱平衡状態でないと、説明することができません。これがビッグバンのもっとも確固たる証拠です。

この発見で一九七八年、ペンジアスとウィルソンにノーベル物理学賞が授与されました。このあと一九八九年に、アメリカの宇宙背景放射探査衛星コビー（ＣＯＢＥ）が、精度よく観測して、宇宙背景放射がプランク分布に高精度でぴったりのっていることを明らかにしました。地上では実験できないほどきれいに熱平衡状態になっています。これがビッグバンの最大の証明です。このコビーの結果にたいしても、二〇〇六年にノーベル物理学賞があたえられました。

ビッグバンがまちがっていることを指摘するためには、ビッグバン以外のモデルでこの宇宙背景放射の存在を説明しなければなりません。それが納得できれば、そのようなモデルもありえますが、いまのところ納得できるほかのモデルはありません。多くの人はビッグバンが正しいと思っています。

では、ビッグバンやインフレーションが起こるまえ、宇宙はどのようにしてできたのでしょうか？　この宇宙創生の問題はほとんどわかっていません。宇宙の創生がむずかしいのは、宇宙が小さいとき一般相対性理論はそのままでは適用できないからです。小さいときは量子論《りょうしろん》というミクロな世界をつくる理論を考えなくてはいけません。量子論では素粒子ができたり消えたりする現象を扱います。したがって、宇宙創生では、時空そのものをこういう素粒子のようなできたり消えたりする量子論的な扱いを考えなくてはいけないのです。したがって一般相対性理論と量子論を融合させる必要があり、これが量子重力論とよばれています。しかし、これはまだ完成していません。

宇宙は無から生じたとか、宇宙はひとつではないとかいろいろな理論が提唱されてはいます。夢のあるおもしろい話ですが、解決にはまだまだ時間がかかるでしょう。

●——宇宙の階層構造ができるしくみ

宇宙は一様であるといいましたが、世の中がまったく一様ということは絶対にありえません。何かの原因で、宇宙初期においても密度がほんの少し高いところと低いところが、絶対にできます。すると密度が高いところの重力が強くなり、そこに物質が集まり、さらに密度が高くなります。するとますます重力が強くなって、物質をさらにまわりから集めます。これを「重力不安定」とよびます。この重力不安定により、物質の密度が高いところがいずれ銀河になります。そしてさらに銀河がたくさん集まるようになります。少し銀河が集まっている領域がより引き合って銀河団が形成し、さらに銀河団が引きあって超銀河団ができます。このような構造がつくられるシナリオを重力不安定説とよび、現在のところの標準的なシナリオです。

もう少しくわしくみると、最初は単純な様相で、ビッグバンでは、密度分布はほとんど一様でした。ところでビッグバン直後から誕生後四〇万年までは、宇宙はきわめて高温(三〇〇〇度以上)で原子から飛び出した電子が自由に動いており、光はその電子に散乱をうけ、まっすぐ進めませんでした。雲でおおわれているようなものです。ところが、宇宙が膨張して温度が下がってくると、ある時期に〝雲〟が晴れ、見通せるようになり、宇宙の晴れ上がりがおとずれます。すると、物質も自由に光からの圧力をうけずに収縮できるようになります。そうして数億年から一〇億年ぐらいたって銀河が形成されて、現在約一四〇億年たったと思われます。このように、ビッグバンから重力不安定によって銀河形成へとつながります。

ダークエネルギーは一様に存在するため、直接的に構造をつくる役目をはたしません。

いっぽう、密度がムラになっているダークマターと普通の物質がいっしょに重力によって収縮していきます。こうしてダークマターが重力によって収縮してできた天体をダークハローとよびます。じつは、ダークマターがなくて普通の物質だけだと重力が不足して、現在までに銀河などの構造ができるほど大きな密度にまで成長しません。この点から言ってもダークマターは必要なのです。そして、現在、いくつかの観測的根拠から冷たい暗黒物質が宇宙にはたくさん存在していると考えられていますが、そうすると原則的にはダークハローは小さなサイズのものから成長して固まってできた*と思われます。

ただし、ダークマターは完全に収縮できるわけではありません。重力エネルギーが運動エネルギーに転化し、運動エネルギーがある程度の大きさになるとそれ以上は重力収縮できなくなります。いっぽう、ガスは電磁波を放出してエネルギーを逃すことが可能であり（ダークマターは定義により、電磁波の放出ができない物質です）、それによってさらに収

＊ダークマターは、〝冷たい〟ので動きがにぶく、移動できる領域がきわめて小さいです。そうすると、物質の密度が大きいところと小さいところが入れ混じり、密度ゆらぎが消える領域がゼロとみなせるほどきわめて小さくなります。そのため、比較的小さなサイズの密度ゆらぎも消えずに残っており、その小さなサイズのゆらぎから成長してきます。

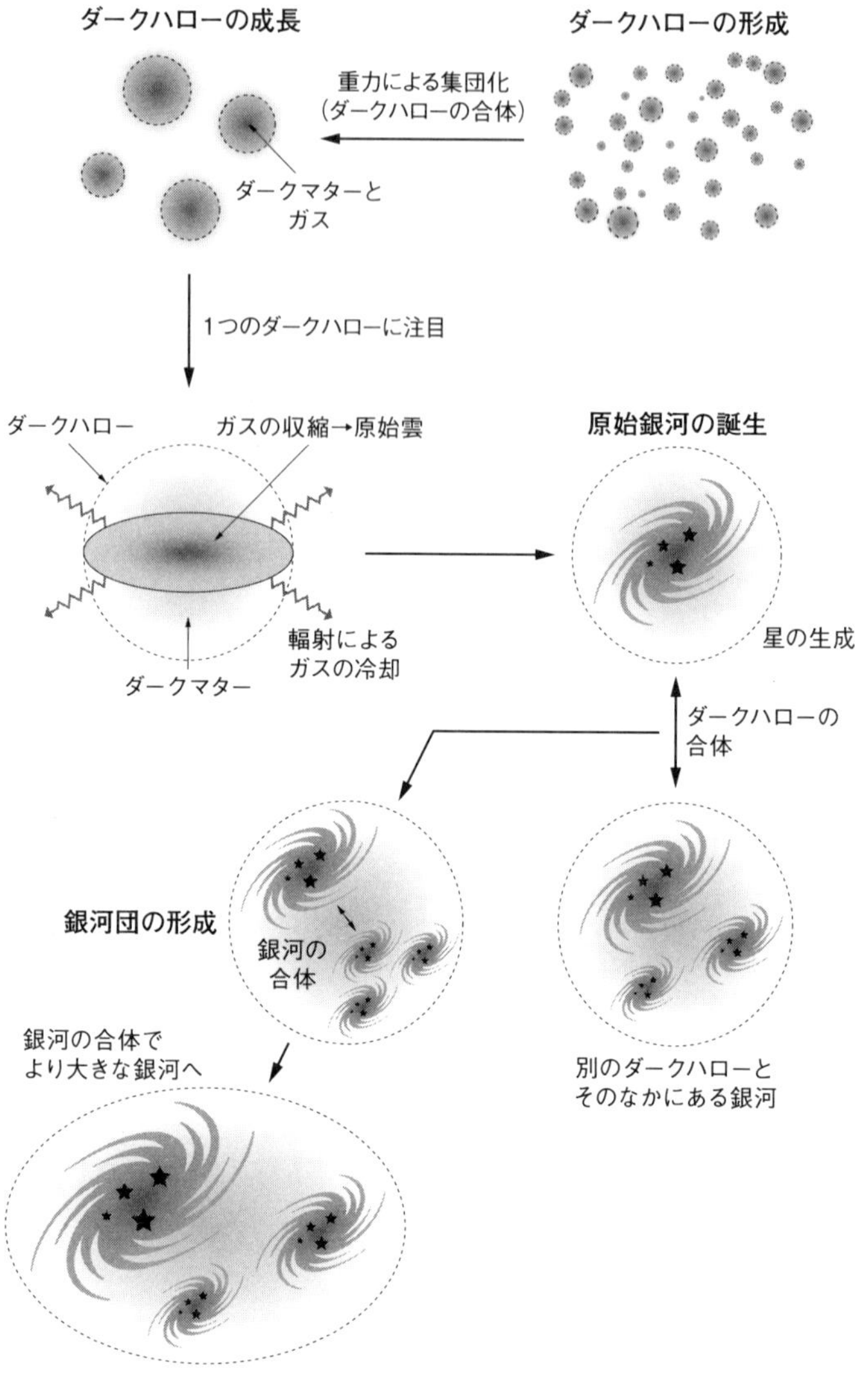
ダークハローの成長
ダークハローの形成
重力による集団化
(ダークハローの合体)
ダークマターと
ガス
1つのダークハローに注目
ダークハロー
ガスの収縮→原始雲
原始銀河の誕生
輻射による
ガスの冷却
ダークマター
星の生成
ダークハローの
合体
銀河団の形成
銀河の
合体
銀河の合体で
より大きな銀河へ
別のダークハローと
そのなかにある銀河

縮ができ、ガスの密度を大きくできます。すると、高密度なガスからいずれ星が誕生し、〝光る〟銀河ができます（原始銀河の誕生）。

銀河を何個か含むダークハローがあると、場合によってはとなりのダークハローどうしが合体を起こします。さらにそのなかで、銀河どうしも合体する可能性があり、それによって大きな銀河になっていくというのが、一般的なシナリオです。

さらに、銀河の合体にかんして、同じ質量程度の銀河が激しく衝突合体をくりかえすと楕円銀河になり、そうではないと渦巻き銀河になるという説もあります。

さて、このように大小の銀河ができてくるとともに、銀河どうしの重力で銀河の集団ができて、銀河団や超銀河団を形成していきます。こういう小さなサイズからだんだん大きなサイズの構造ができる、冷たい暗黒物質にともなう構造形成のシナリオを階層的集団化説とよんでいます。アメリカのプリンストン大学のピーブルスが最初に提唱した説です。

じつは一九九〇年ごろまでは、階層的集団化説以外にパンケーキ説と呼ばれる構造形成

＊熱い暗黒物質は、ある時期まで動きがはやく、比較的遠くの領域まで移動ができます。そのため、密度が大きいところと小さいところが入れ混じり、比較的小さなサイズのゆらぎはならされてしまいます。かなり大きなサイズのゆらぎのみが残されます。

のシナリオがありました。これは、「冷たい暗黒物質」ではなくて、「熱い暗黒物質*」とよばれる別の種類の暗黒物質が宇宙に多く存在すると仮定すると、階層的集団化説とはちがって、大きなサイズの天体からできてきます。すなわち、密度ゆらぎが残ったかなり大きな領域のサイズ、つまり超銀河団サイズの天体がまずできて、それが分裂して、銀河団や銀河ができてくるというシナリオです。最初、超銀河団サイズの天体が重力収縮によって、パンケーキ状にできてくるためパンケーキ説とよばれました。これは、ソビエト連邦（現・ロシア）のゼルドビッチが最初に提唱したものです。一九九〇年代にはいって、いくつかの観測事実からパンケーキ説は否定されました。

たとえば、宇宙誕生後、約八億年の銀河が発見されてきましたが、パンケーキ説では、銀河は後からできるために、いまから約一二九億年まえに銀河はとうていできていません。こうして現在では階層的集団化説が標準となっています。

●——残された謎

前世紀からの科学の進歩はいちじるしく、宇宙観測に必要な技術の進展もあり、天文学にも画期的な発展がありました。また、前世紀の物理学の二大革命ともいえる量子力学と相対性理論の確立、さらには原子核・素粒子物理学の興隆《こうりゅう》が天体物理学、宇宙物理学を発展させ、宇宙論のようにわたしたちが直接観測できない宇宙の初期のことまで、科学的に推測できるようになってきました。そして、銀河の形成については前述したように大まかなシナリオをえがけてきています。

しかし、これで宇宙がわかったとは、まだまだ言いがたい状況です。最初の銀河ができて、最初の星はいつどのようにして生まれるのでしょうか？　それまでの時間は暗黒時代とよばれる、未知なる時代です。また、渦巻き銀河やだ円銀河、不規則銀河、わい小銀河などの銀河は形状、大きさ、色など多様ですが、これらのちがいはどうしてできているのでしょうか？　また、一つの銀河は生まれてから形状、大きさや色をどのように変化させるのでしょうか？　この点については遠く一三〇億光年以上さきの銀河の観測が進んできてはいますが未解決です。さらに、銀河の中心で大爆発を起こしてとてつもなく大きなエネルギーを出している活動銀河もあります。中心に巨大ブラックホールがあると考えられていますが、その巨大ブラックホールはどのようにできてきたのでしょうか？　さらに、爆発の源になるガスを巨大ブラックホールにどのように供給しているのでしょうか？　最近では、銀河のバルジの質量が大きいほど巨大ブラックホールの質量が大きいという関係が見つかっていますが、これはどうしてでしょうか？　このように銀河の形成や進化、活動にかんしてはまだまだ謎が残されています。

7　天の川銀河に隠された宇宙を解く鍵

前節では、宇宙での銀河形成シナリオと残された謎について述べました。このように銀河の誕生と進化にはいまも謎が残っています。いっぽう、わたしたちが住む天の川銀河もその多数の銀河の一つです。ある時期に誕生し、そして進化してきました。誕生や進化の秘密がいまの天の川銀河のなかに隠されているかもしれません。遠くの銀河を多数観測してサンプルを集め、さまざまな銀河の特徴を解析したり、銀河の進化の様子をかいま見ることができます。しかし、銀河の誕生と進化は複雑な過程と考えられています。暗黒物質や普通の物質の重力収縮、そして銀河の衝突合体、ガスからの星の形成、星の進化、星の爆発による星生成の抑制《よくせい》などさまざまな要素が絡《から》んでいます。遠くの銀河では個々の星に分解するのが困難で、くわしいことはわかりません。いっぽう、天の川銀河は近未来にわたしたちが詳細に観測できる唯一の銀河です。銀河の進化では銀河どうしが衝突合体をくりかえしている可能性があることをすでに述べましたが、小さいサイズの銀河（わい小銀河とよぶ）が何度か天の川銀河に衝突合体をしてきた可能性が高いのです。天の川銀河のなかでは、その痕跡が直接見つかるかもしれません。円盤部、バルジ、ハローの各々の星がいつどのように形成、進化をしてきたか、それもわかる可能性があります。このように、遠方銀河では直接観測できないことを天の川銀河では観測することができるかもしれません。

そうすると、天の川銀河一つとはいえ、わたしたちの銀河は典型的な渦巻き銀河であり、ほかの銀河の形成・進化を研究するうえで大きなヒントをあたえることは確実です。距離が近いということが天の川銀河を研究することの、ほかの銀河には代えがたい、魅力になります。遠方の銀河を観測して銀河形成や進化を研究することを遠方宇宙論とよぶのにたいし、最近、天の川銀河や天の川銀河の近くのわい小銀河など距離が近い銀河を詳細に研究して、銀河の形成・進化を研究する分野を近傍《きんぼう》宇宙論とよぶようになりました。近傍の観測でも宇宙論が立派にできるわけです。

たとえば、銀河の〝形成史〟を家の〝形成史〟におきかえて考えるとわかりやすいでしょう。つまり、〝家〟はどのように建築され、どのように〝変化〟していくのかという問

たくさんのサンプルと自宅の構造を調べると……

題があったとします。かりに自分の家の外に出ることができないとして、自分の家のなかにいてこの問題を解くためにはどうすればいいでしょう。方法の一つは、自宅の窓から外にあるたくさんの家を観測する方法です。サンプルをたくさん集めると大体の特徴はつかめます。つまり、建築中の家、新築の家、古い家、壊れかかった家などのサンプルをたくさん見ることによって家がどのように建てられ、変化していくのかをだいたいつかむことはできます。しかし、外の家は離れているので、家の詳細な構造やどこがどのような素材なのかはよくわかりません。いっぽう、もう一つの方法は、自分の家のなかをよく探査することです。家の構造、材料、どのように組み立てられているかを直接詳細に調べることができます。外の離れた家をたくさん観測するのが遠方宇宙論、自宅のなかを詳細に調べるのが近傍宇宙論に対応します。この両方が研究には必要です。

具体的には、円盤、バルジ、ハローの形状、サイズ、見えない物質も含めた全物質の分布と運動、これらの構造の形成史、星形成史、巨大ブラックホールによる爆発現象といった銀河の活動性、巨大ブラックホールの質量とバルジの質量との比例関係といったすべての銀河に共通する問題が天の川銀河にもあてはまります。

天の川銀河には、宇宙を解く鍵が潜んでいます。では、その鍵を見つけ出すのにはどういう観測をすればいいのでしょうか?

可視光、赤外、電波、X線、ガンマ線などの多波長によってさまざまな天体とその現象を観測していくのはいうまでもありません。とくにいままでによく知られていないのは、恒星の立体的位置と星々の立体的運動です。星の距離は太陽系からわずか三〇〇光年以内の近くしか直接的に、信頼度が高い値はわかっていません。距離を知ることができれば、恒星の立体的な位置、つまり、天の川銀河の立体的構造がわかり、その形状、大きさもわかります。また、立体的なうごきの情報と組み合わせれば、ダークマターや観測できないほど暗い星々も含むすべての物質がつくる分布や軌道の様子までも推定できるようになります。これはダークマターの正体をつかむためのヒントにもなりえます。また、わい小銀河が衝突合体してきた痕跡も星のうごきから明らかにできます。さらにバルジの構造がわかると爆発のエネルギー源となる中心の巨大ブラックホールに落ち込むガスがどのように供給されていくのか、そのメカニズムもつかめるかもしれません。バルジが棒状（バー）構造をしており、円盤部のガスがそのバーのためにバルジや銀河中心に落ち込むという説もあれば、わい小銀河の合体によりガスが供給されていうという説があります。バルジの星の立体的な位置とうごきがわかると、そのメカニズムも明らかになるかもしれません。

さらに、星の距離がわかるということは、星の真の明るさがわかることになります（第3章を参照）。地球で観測される見かけの明るさが暗くても、それは星が遠くにあるためではんとうはかなり明るい星かもしれません。星までの距離を知ることによって、星の真の明るさや星が出している真のエネルギー量が測定できるのです。星の真の明るさがわかると星の色情報と組み合わせることなどにより、星の年齢や形成の歴史まで明らかになります。

このように、天の川銀河に隠された謎を解く鍵をみつける大きな要素の一つは、星々の距離とうごきを測定することです。天の川銀河内の星の距離やうごきを測定する話は、第3章と第4章でくわしく記述しますが、本章で述べた宇宙像のひろがりは、宇宙の距離が観測でわかってきたことと同義です。

天の川銀河の大きさの論争、星雲は天の川銀河のなかにあるのか、外にあるのか、遠くの銀河までの距離測定とハッブル法則の発見など天体までの距離測定が天文学を大きく進展させてきました。できるだけ遠くの天体までの距離を正確に測りたい、というのが古くから天文学の大きな夢でもあり、難題でした。

では、次章では、天体までの距離をどのように測定して、宇宙像を拡大していったのか、距離の測定法に着目してみたいと思います。

第3章

宇宙の距離を測る

1 宇宙の距離はしご

星や天体までの距離を知ることは、天体の真の明るさや立体的な位置を知るために重要です。それに星が動く真の速度（正確には、星とわたしたちを結ぶ視線方向に垂直な方向の速度成分。接線速度とよぶ）を知るためにも距離が必要です。

星は、天球上ではゆっくりと独自の運動でうごいていきますが、真の速度は同じでうごいていても遠くにある星は見かけ上ゆっくりとうごきます。電車や車の窓から外の景色をながめていると、遠くの山や建物はゆっくりと視野から去って後ろにうごいていきますが、近くの景色はすばやく後ろに流れていくことはよく経験することです。

このように、天球上を星が一年かけて動く角度の大きさを固有運動といいますが、この固有運動だけでは真の速度がわかりません。固有運動にその星までの実際の距離をかけることで星の真の速度がわかります。

天体までの距離を知ることは天文学にとって重要な課題であると同時に難問です。なぜなら宇宙にある天体までの距離は、近くの恒星から遠い銀河にいたるまできわめて広範囲

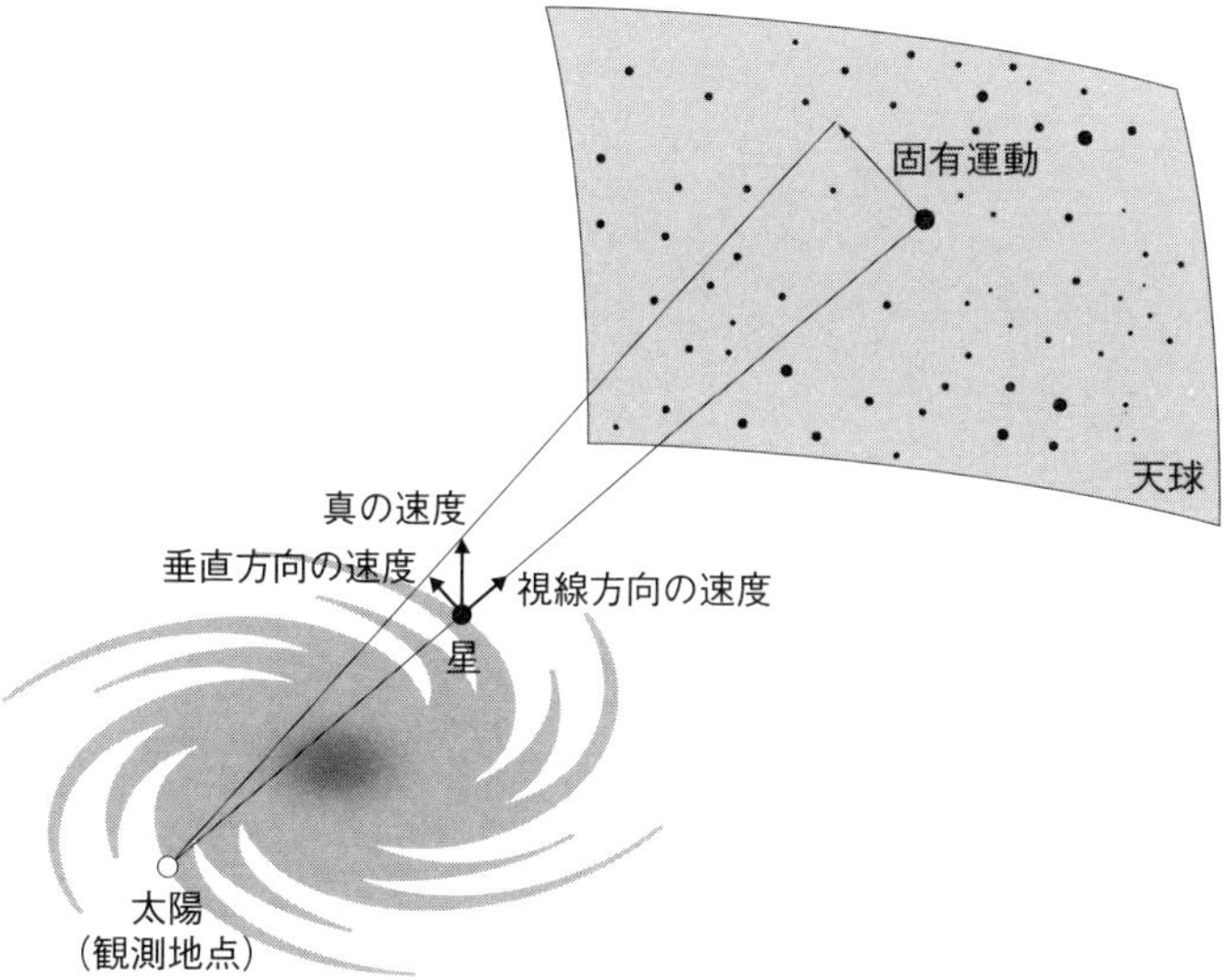

に広がっており、すべての天体に応用できる距離の測定方法はないからです。そこで実際には、近くの天体までの距離の測定の結果をもちいて、さらに遠くまでの距離を導き出します。このような近くから遠くへとつないでいく手法は「宇宙の距離はしご」とよばれています。

では、宇宙の距離をどのように測ってきたか、小さいスケールから順を追って説明していきましょう。

2 地球を測る

まず、地球のサイズの測定からはじめます。

現在、だれもが地球は球形であることを知っています。スペースシャトルや月から見た地球の画像によってはっきりと実感できます。しかし、普段の日常経験では地面は平坦としか感じられません。常識的には地面は平坦であると感じられます。では、人類がロケットで地球を飛び出す以前、どうやって地球が球形であることを知り、地球の大きさをどのようにして測ったのでしょうか？

古代において、地球が球形であることの具体的な証拠は、月食の観測でした。月食は、太陽、地球、月が一直線上に並び、月に地球の影が映るためです。このとき、月面上の影が円弧状になっており、地球が球形であることがわかります。もう一つの証拠は、異なった緯度の地点から同時に見た同じ星が、天球上の異なった高度で見えることにあります。たとえば、高緯度地方で高い位置に見えていた北極星が、低緯度地方に行けば行くほど低い高度に移ります。そして、高緯度地方では見えなかった南天の星々が天空の高い位置に見えてきます。これは、まさに地球が球形であることの証拠でした。さらに、船が沖へ遠ざかっていく際に、まず船体が見えなくなり、やがてマストが見えなくなります。逆に近づいてくるときはマストから見え始めます。これも地球が丸い証拠です。以上のことはアリストテレスによって指摘されました。

このように、二〇〇〇年以上まえにすでに地球は平坦ではなく、球形であるということが観測事実から予測されていました。そして、二つめにあげた証拠（緯度による星の高度のちがい）の原理を利用して、地球の大きさを求めました。

エジプトの北部に位置するアレキサンドリアのエラトステネス（紀元前二七六年－前一九六年）によって、はじめて地球の大きさが測られました。アレキサンドリアのほぼ真南にシエネという都市があります。この二つの都市の間の距離と緯度の差がわかれば、地球が球形であるとすれば、地球の全周がわかります。緯度の差は、ある時刻、たとえば、夏至の日の正午の太陽の高度の差で与えられます（このとき、シエネは北回帰線上にあるため、太陽は真上を通過する）。太陽の高度とは、任意の時刻での太陽と地平線とのなす角度です。この高度は、当時「グノモン」とよばれた単純な棒を水平な地面の上に立てることによって測定できました。つまり、グノモンの影の長さとこの棒の長さを測るだけで、三角形の幾何を用いれば、高度はわかります。アレキサンドリアとシエネとの角度の差は、円周（三六〇度）の五〇分の一でした。したがって、地球の全周は、この二都市間の距離の五〇倍であることがわかりました。当時の観測では、全周は四六五〇〇キロメートル、半径は七四〇〇キロメートルでした。現在は、人工衛星やGPSを利用して正確なサイズがもとめられますが、全周は約四万キロメートル、半径は約六四〇〇キロメートルです。いまから二〇〇〇年以上前の測定であるのに、かなりの精度であることに驚かされます。

このように、古代において、すでに地球が球形であることやその大きさが測定されました。現代人のわたしたちから見てもこれは驚くべきことで、感心させられます。しかし、古代文明の崩壊により、ヨーロッパではこれらの知識も失われてしまいました。おもしろいことに、一一世紀までほとんどのヨーロッパ人は、これらの知識については無知であり、地球は平坦であると信じていました。

3 太陽系を測る

太陽系がどのようになっているのか。天動説か地動説なのか。このあたりの話は第2章

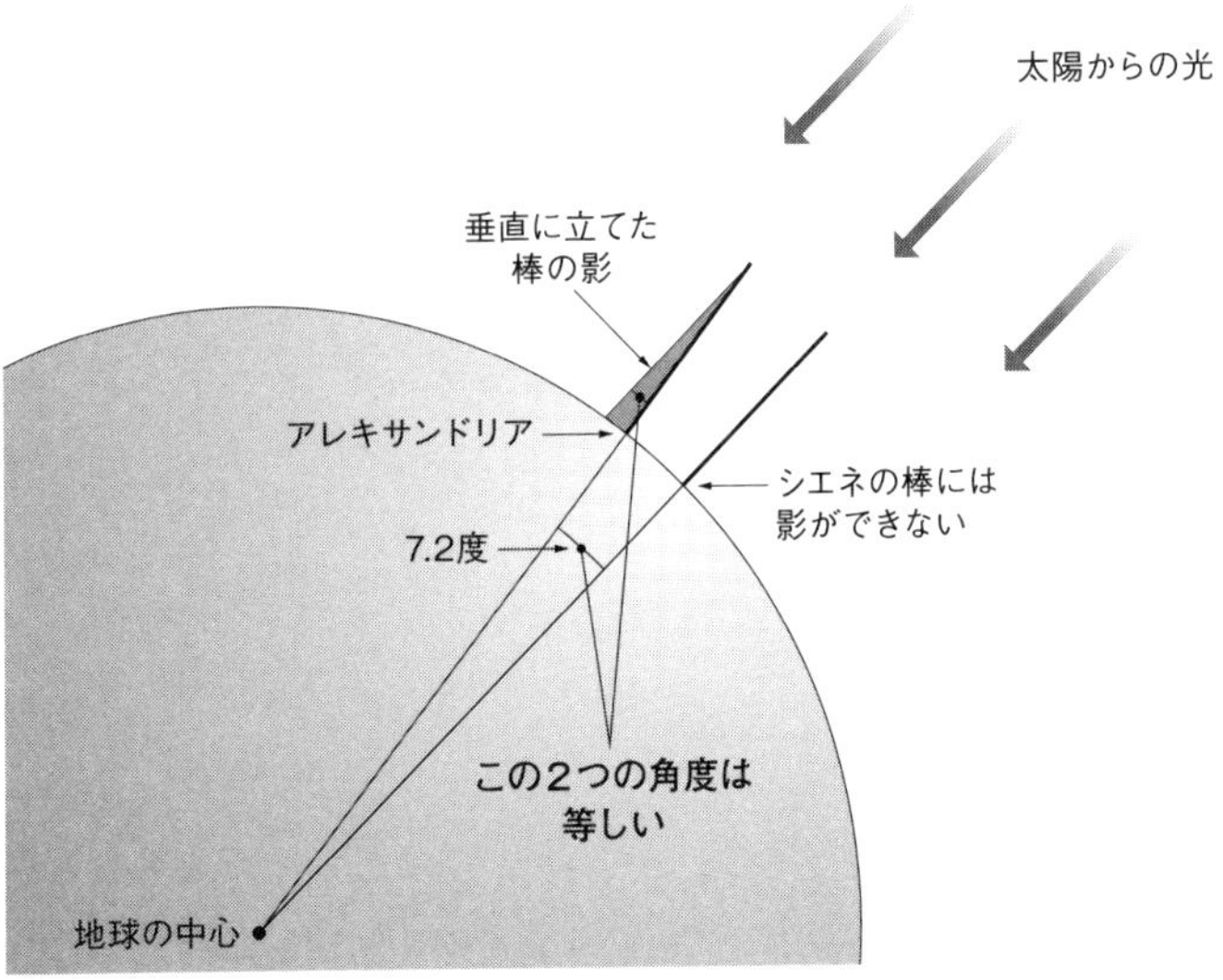

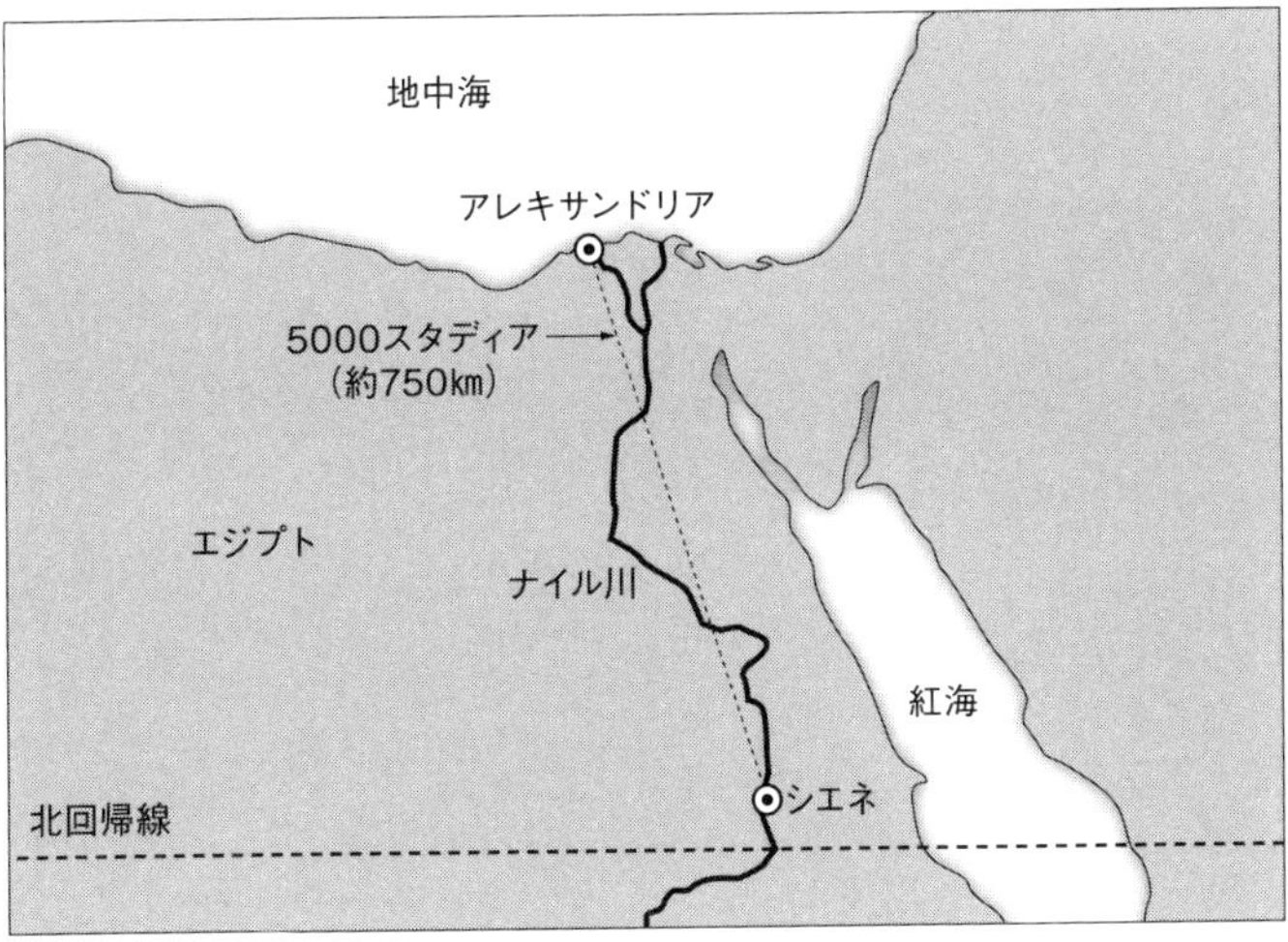

エラトステネスが地球の大きさを測る際に使った方法

2ですでに述べました。現在では、地動説が正しく、地球や惑星は太陽のまわりをケプラーが発見した法則にしたがい、だ円運動をしながら公転しています。では、地球から太陽までの距離や惑星までの距離はどのように測るのでしょうか？

地球から太陽までの距離（正確にいうと、地球のだ円軌道の長半径）は、通常一天文単位（AU）とよばれます。これは天文学で用いる距離の単位の一つです。

では、この天文単位は何キロメートルなのか、どのように求めたらいいのでしょうか？いちばん最初にもとめたのは、紀元前二六五年のアリスタルコスといわれます。月がちょうど半分照らされているときは、太陽光が真横から月にあたっているときであり、そのときは、太陽、月、地球が直角三角形をなすと考えました。

そこで、月と太陽とのなす角、つまり月が太陽から離れている角度（離角）を測れば、あとは三角関数の関係式をつかって、地球から太陽までの距離が、地球から月までの距離が何倍であるかわかります。こうしてアリスタルコスは、太陽までの距離は、月までの距離の一九倍大きいことをつきとめました。しかし、実際は約三九〇倍でした。これは離角の測定精度が悪く、差が出てしまったためです。ちなみに、月までの距離は、ヒッパルコス（紀元前一九〇年頃－一二五年頃）が、日食時において二地点離れたところからみた三角視差（第3章4参照）をもとに計算して、地球半径の七一－八三倍と見積もりました。実際は、約六〇倍ですが、かなり正確といえます。

その後も多くの人がさまざまな方法（金星の太陽面通過の利用など）で天文単位の測定を試みましたが、現在は、まずケプラーの法則を用います。この法則を用いるとある惑星の軌道半径と地球の軌道半径の比（つまり、天文単位であらわした惑星の軌道半径）は、惑星の公転周期と地球の公転周期（一年）の比から求めることができます。惑星の公転周期さえわかれば、惑星の軌道半径は、天文単位で求めることができます。すると、惑星の軌道半径と地球の軌道半径の差が、つまり、地球から惑星までの距離も天文単位で求められます。

そこで、次に、惑星までの距離がキロメートル単位でわかれば、天文単位が何キロメートルか、つまり太陽までの距離がキロメートル単位でわかります。

ちなみに、惑星の公転周期は、太陽と内惑星（水星と金星）が地球から同じ方向に見える「合《ごう》」や、太陽と外惑星（火星、木星、土星、天王星、海王星）が地球から一八〇度離れた反対方向に見える「衝《しょう》」といった位置関係を繰り返す周期（会合周期という）を測定することで知ることができます。

では、現在、惑星までの距離はどのように測定するのでしょうか。惑星までの距離は、水星、金星、火星にたいしてはレーダー法によって測定されます。レーダー法とは、電波を惑星に向けて発信し、惑星から戻ってくる反射波を地球で受信して、その往復時間から天体までの距離を計算します（電波が伝わる速度、つまり光速はわかっているので、往復時間がわかれば、距離がわかります）。さらに、惑星探査機を使った距離測定もおこなわれています。

このようにして、惑星までの距離を決めることによって、現在では太陽までの距離、つまり一天文単位は、一億四九五九万七八七〇キロメートルというきわめて高い精度で決まっています。

4　天の川銀河を測る

太陽までの距離がわかりましたが、では近くの星までの距離はどのようにして測定すればいいのでしょうか。

星までの距離を測る方法として、もっとも信頼のおける方法が年周視差法です。ほかの

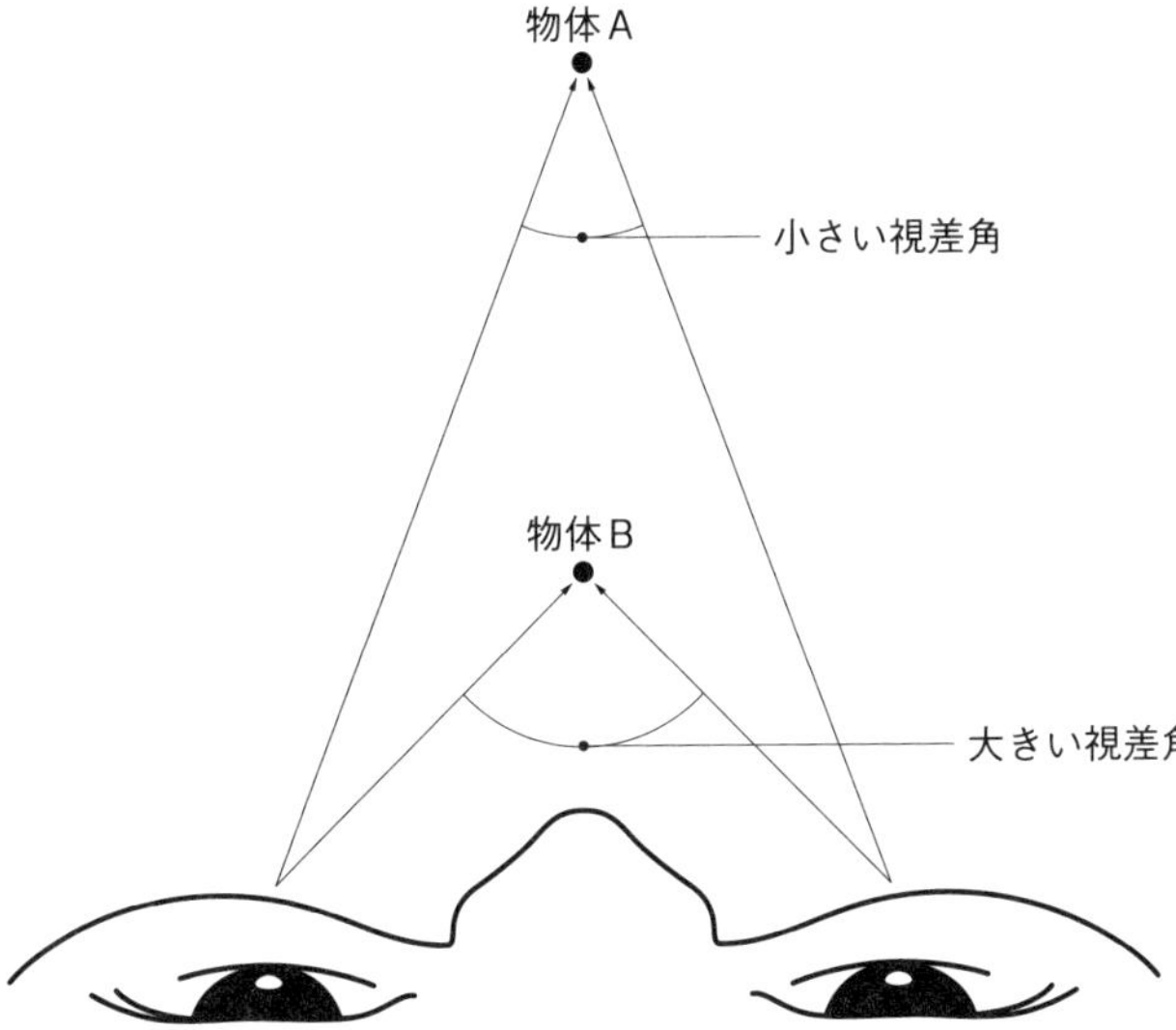

人間の遠近感の認識（三角測量）

方法とちがって、仮定をおこなったり、モデルを介したりする必要がなく、直接的な方法です。

原理は簡単で、よく知られた三角測量です。異なった二つの地点から距離を隔てて物体を見た場合、その物体が見える方向は異なります。物体が二点を見込む角度を視差角、あるいは単純に視差といいます。視差が小さいほど遠方にあり、大きいほど近くにあります。人間が、立体感を感じる、つまり物体までの距離が遠いか近いかを判断できるのは、両目で三角測量をおこなっているからです。つまり、右目と左目で同じ物体をみて、視差が小さければ遠くに、大きければ近くにあると人間は認知するのです。

ところで、太陽の近くの星といってもかなり遠くにあり、視差はきわめて微少な角度です。よって、地上のどんな離れた二地点からでも、星の視差を検出することはできないのです。そこで、地球が太陽の回りを公転して位置を大きく変えることを利用します。異なった時刻ごとの星の位置を測定していきます。すると、地球が公転して星を見る位置が変わるため天球上の星の位置が一般にはだ円を動いて変動していきます（年周だ円運動）。

このだ円の長半径（角度）が年周視差《ねんしゅうしさ》とよばれるものです。図からわかるように、年周視差は一天文単位を見込む角度であり、年周視差から距離が求まる方法が年周視差法です。

天文学では、年周視差が一秒角になる距離を一パーセクと定義します。

一パーセクはおよそ三一兆キロメートルです。これは、三・二六光年（光の速さで三・二六年かかる距離）に相当します。年周視差さえ測定できれば、簡単な計算で星までの距離がわかります。

この年周視差法により、近く星までの距離は測定できますが、では、どの程度離れた星まで測定できるのでしょうか。詳細は、第3章8や4章でもふれますが、年周視差法で高い信頼度で星の距離が測定できているのは、現在は約三〇〇光年以内の星にかぎられてい

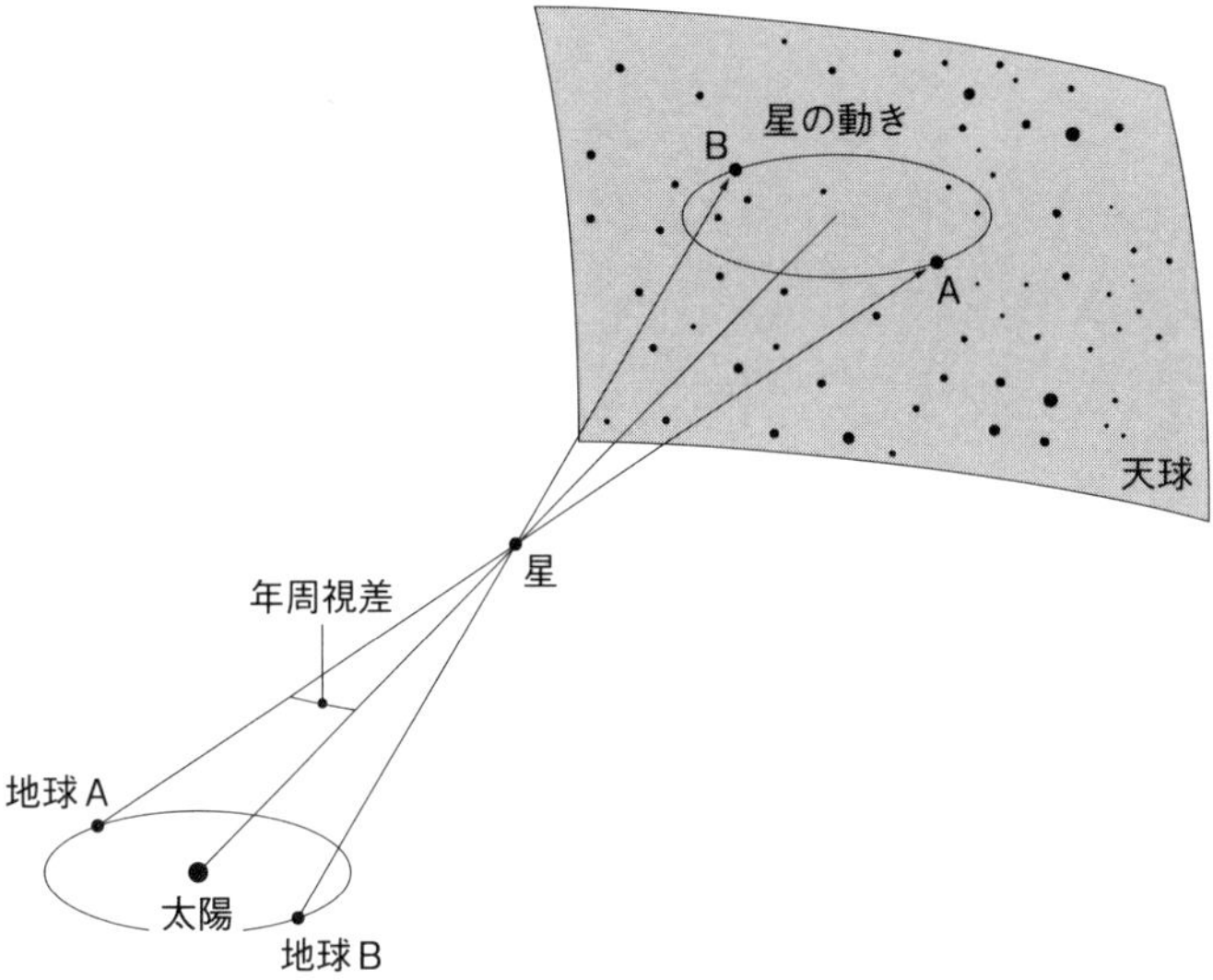

年周視差

ます。それだけ、年周視差は小さくて高精度な観測を要求され、むずかしいからです。たとえば太陽系にもっとも近い恒星であるプロキシマ・ケンタウリの視差でもわずか〇・七七秒角（四・二二光年）です。

　では、三〇〇光年より遠い星の距離はどうやって測るのでしょうか。じつは、三角視差、つまり年周視差法で測ることにより、星が本来もっている明るさ、つまり真の明るさを知ることができます。これを等級であらわすとき、天文学では絶対等級とよび、地上での見かけの明るさをあらわす見かけの等級と区別します。デネブは一等星、北極星は二等星とよばれているのは、これは地上から見た、あくまでも見かけの等級です。距離が遠いか近いかがわからないと真に明るいのはどの星なのかわかりません。そこで、すべての星をかりに同じ距離においたとして（一〇パーセクに置くとする）、そのとき地球からみたそれぞれの星の明るさを等級であらわしたものを絶対等級とよびます。つまり、同じ距離に置いておけば、真の明るさのみで絶対等級は決まるので、絶対等級の大きさで真の明るさを比較できるのです。まえにも述べたように、ハーシェルはこの絶対等級が星によらず一定として、逆に星までの距離を推定して、天の川銀河の構造をはじめてあきらかにしました。しかし、年周視差法により星までの距離が正確にわかれば、その見かけの明るさをもとに真の明るさ、つまり絶対等級を計算することができます。そうするとじつは、星の絶対等級は一定ではなく、さらに星は絶対等級と星の色(星の表面温度で決まる)とにある関係があることがわかってきました。

余談ですが、この関係は星の進化論からも理論的に説明がついています。

星もじつは人間と同様に赤ちゃんとして生まれ、成長して、その最後には死んでいきます。星は、星と星の間に存在する冷たいガスが重力で収縮して固まってできてきます。そして、いずれ星の中心部で水素ガスが燃え（核燃焼《かくねんしょう》）輝きます。この時期が、主系列《しゅけいれつ》とよ

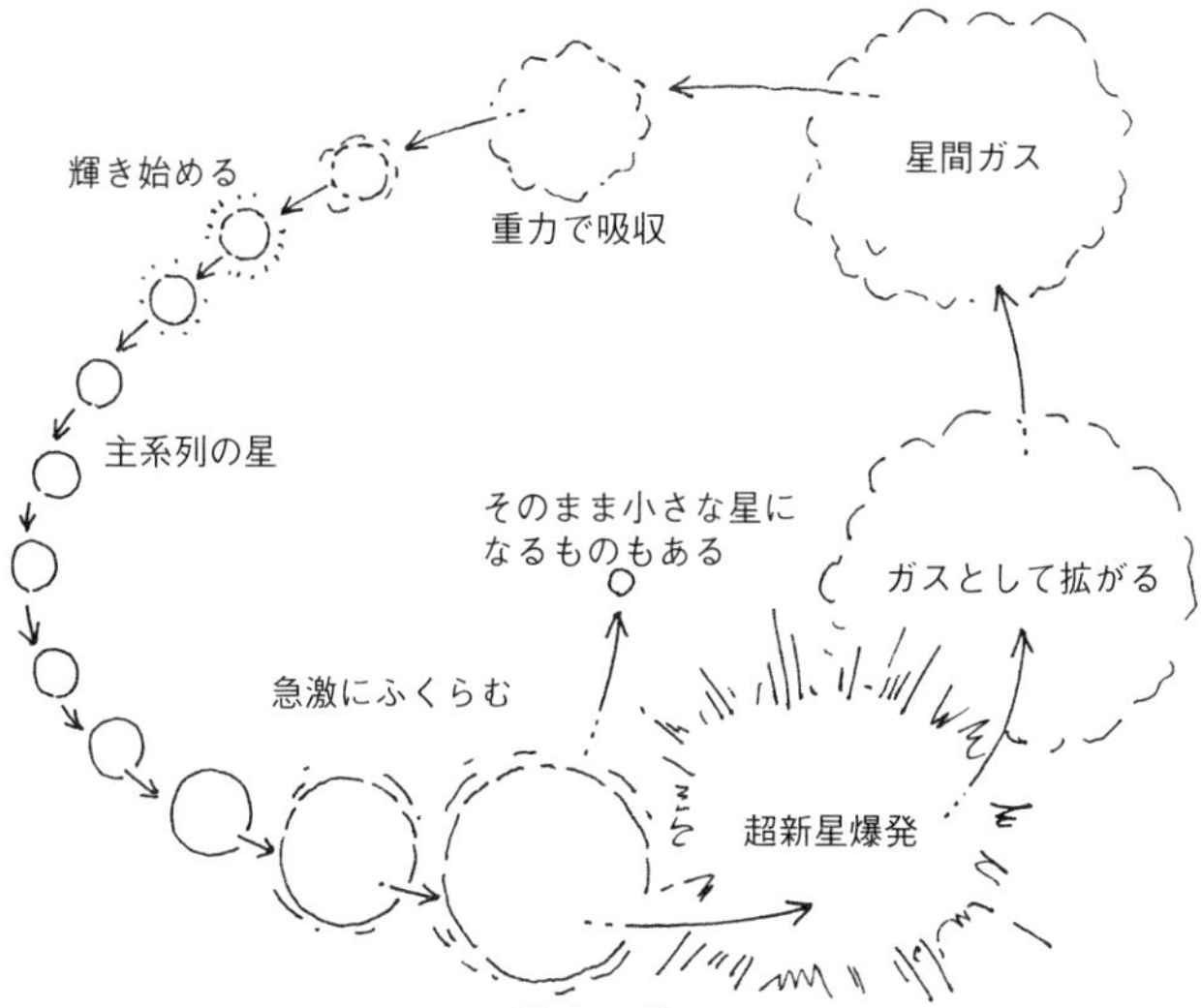

星の一生

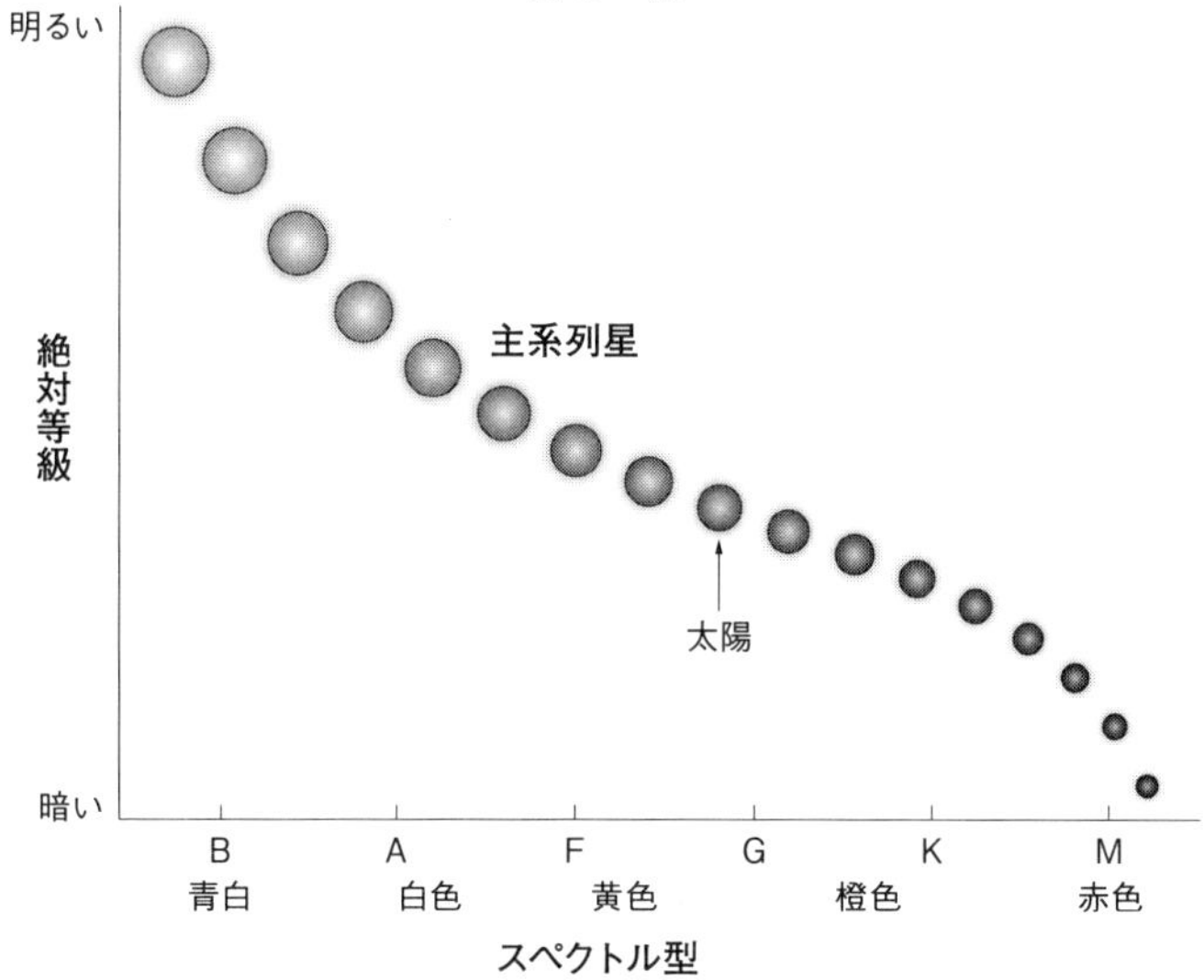

絶対等級と色の関係図

ばれている時代で前述した星の絶対等級と色とにきれいな関係が成り立ちます。傾向としては、赤い星ほど暗く、青くなるほど明るくなります。太陽もまさにこの主系列に位置して、橙色をしています（太陽の表面温度は約六〇〇〇度）。星は、水素を燃やし尽くしていくと、やがてヘリウムが燃えだし、主系列からはずれます。その後の星の運命は、星の質量に依存します。

さて、主系列星にある星を使えば、星の色を測ることにより、星の真の明るさがわかることになり、すると星の見かけの明るさから星までの距離が推定できます（見かけの等級は距離の二乗に反比例します。光の明るさは光源から遠くにいけばいくほど、光源からの距離の二乗で暗くなっていくからです）。この方法を主系列フィット法とよびます。この方法によって、さらに遠くまでの星の距離測定が可能となります。この方法では、わたしたちからの距離が約三〇〇〇光年ぐらいまでの星に適用できます。

ところで、主系列星以外に星のなかで距離を推定しやすいタイプの星があります。それは、第2章4でも述べましたが、セファイド変光星です。時間とともに周期的に星の明るさが変化するものです。セファイド変光星は、規則正しく明るさが変化し、変化する周期と絶対等級とに関係があります。周期が長いほど、明るい、つまり絶対等級は小さくなります。すると、年周視差が測定できない遠くのセファイド変光星にたいしては、周期を測定して、絶対等級を推定します。そして、見かけの等級と比較して、距離を評価します。セファイド変光星はかなり明るいものもあり、かなり遠方でも距離測定が可能です。このように、距離の推定に使える特徴をもつ天体を距離指標とよびます。

このセファイド変光星の周期－絶対等級の関係を最初に得るときには、当然、絶対等級を知らなくてはなりません。つまり、変光星までの距離があらかじめわかっていないといけません。現在では、年周視差法でいくつかの変光星にたいして直接求めることができるようになりましたが（ヒッパルコス衛星の結果：第3章8を参照）、以前は、主系列星を使う方法（主系列フィット法）を用いて決めていました。つまり、変光星が存在する星団内の主系列星にたいして、主系列星フィット法で距離を求めます。星団内の星はほとんど同じ距離にあるとみなして、主系列星までの距離を変光星までの距離としました。まさに、このように年周視差法で主系列星ないしは、変光星までの距離をもとめて、その結果をもとにして主系列フィット法や変光星の周期－絶対等級関係を導き出しました。こうしてさらに遠方の、年周視差法で測定できない主系列や変光星までの距離を推定していきました。このように近場の距離の測定結果をもとにして、より遠方の距離を推定していく、これがまさに距離はしご法です。

ところで、セファイド変光星を用いた距離測定法は、この関係式を導き出すときにつかった絶対等級の値がいかに正しいか、つまりこの関係式を導くためにもちいた変光星までの距離がいかに正確にもとめられているかが重要になります。

ちなみに、前述したシャプレーの天の川銀河のサイズですが、彼はこのセファイド変光星を用いて推定していました。球状《きゅうじょうせいだん》星団とよばれる恒星が約一〇万個程度、球状に密に集まった星団が一〇〇個程度、天の川銀河には存在します。シャプレーは、球状星団内にセファイド変光星が見つかった場合は、その周期－絶対等級の関係をもちいて、球状星団までの距離を求めました。セファイド変光星がみつからない球状星団については、星団全体の絶対等級が、星団によらず同じであると仮定して、その見かけの等級と比較して球状星団までの距離を推定しました。このようにして、シャプレーは球状星団の空間分布をえがきだし、球状星団の分布範囲である直径約三〇万光年が、天の川銀河の広がりであると推測しました。しかし実際は、第1章3で記述したように、塵による星の光の減光効果を考慮すると、天の川銀河の大きさはもうすこし小さく、約一〇万光年と現在はいわれています。

さて、セファイド変光星以外にもこと座RR型変光星やミラ型変光星という種類の変光星も良い距離指標となり使われています。

5 銀河宇宙を測る

天の川銀河外の銀河までの距離はではどうやってわかるのでしょうか？

近くの銀河については、セファイド変光星を用いる場合があります。実際、セファイド変光星が銀河のなかで見つかると銀河の距離測定のもっとも有効な手段です。地上での観測では、約一二〇〇万光年であったセファイド変光星の観測限界が、アメリカ航空宇宙局（NASA）が打ち上げたハッブル宇宙望遠鏡の登場により、いっきに約六〇〇〇万光年まで拡大されました。現在では約三〇個の近傍銀河の距離がセファイド変光星で決められています。

では、セファイド変光星が見えないほど遠くにある銀河にたいしてはどうやって距離を測ったらいいのでしょうか？　今度は、セファイド変光星よりもっと明るくて遠くでも観測できる天体を距離指標として用います。球状星団、新星、超新星などです。

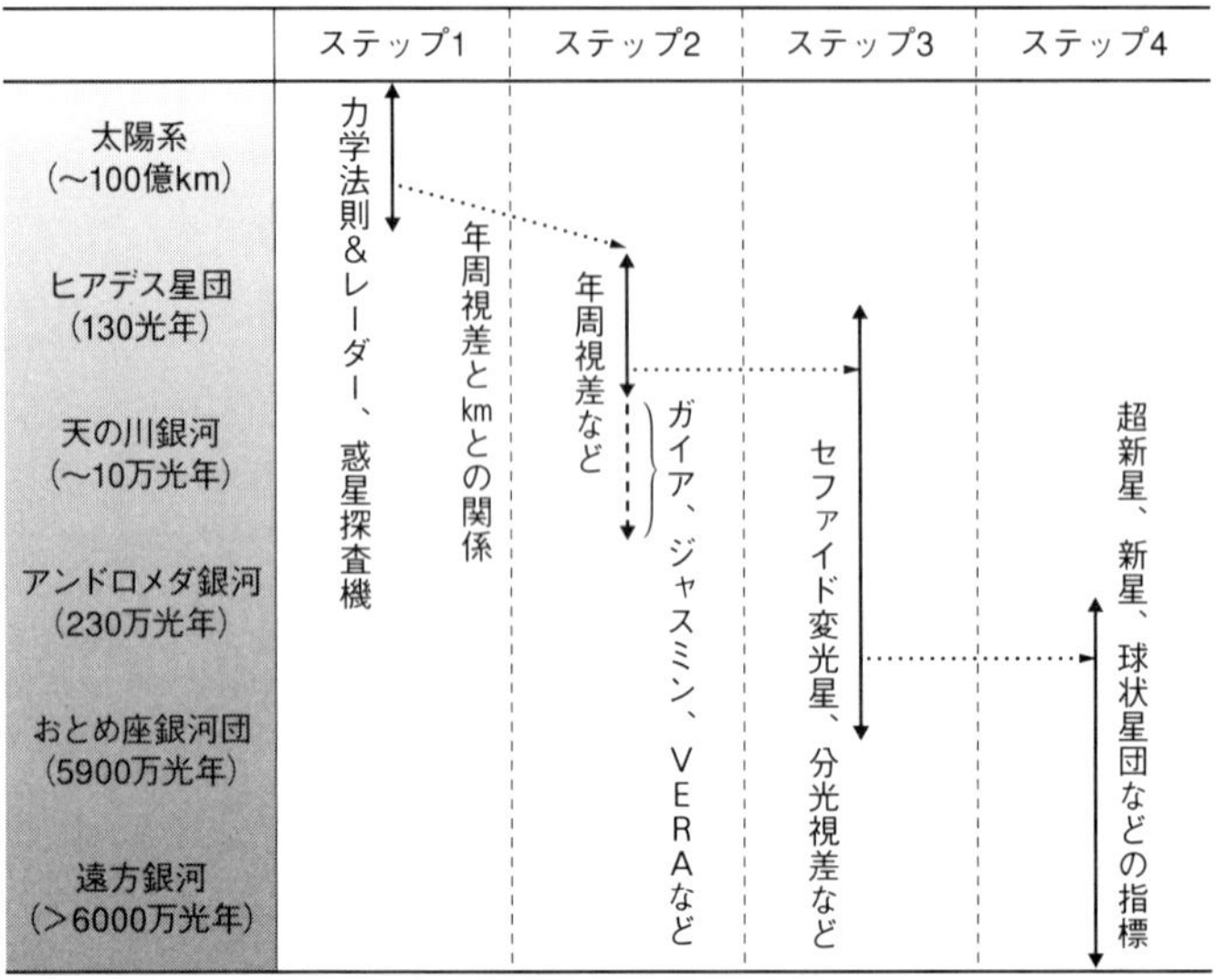

宇宙の距離はしご

たとえば、比較的大きな質量をもつ星が最後に大爆発を起こすとき（超新星爆発）、その超新星がもっとも明るくなったときの絶対等級は、超新星によらずほぼ一定です。したがって、超新星があらわれた銀河にたいしては、超新星の絶対等級と見かけの等級との比較から超新星までの距離、つまりその銀河までの距離が推定できます（銀河のサイズにくらべて、地球から銀河までの距離はじゅうぶん大きいので、銀河内での天体の距離の差は、無視できます。銀河内の天体、超新星の距離を銀河までの距離と見なしてかまいません）。

これらの天体も見えないほどもっと遠方の銀河にたいしては、今度は、銀河自体を距離指標として用います。銀河の真の明るさは、銀河によって一〇〇〇倍近いちがいがありますので、銀河全体の明るさが一定であるとはとうてい言えません。ところが、距離がわかった銀河を調べると銀河全体の絶対等級と銀河のある特徴に関係があることが経験的にわかってきました。

たとえば、渦巻き銀河は、渦巻き銀河の明るさと銀河の回転速度とに関係があることがわかったのです（タリー・フィッシャー関係）。回転速度が大きいほど明るいのです。また、だ円銀河にたいしてもだ円銀河がもっているある物理的特徴とだ円銀河の明るさに関係があることがわかってきました。これらの関係を使うことにより、遠方の銀河までの距離が求められるようになってきました。詳細は割愛しますが、これ以外にも遠方銀河までの距離を測定する方法として、面輝度ゆらぎ法、重力レンズ法、スニアエフ－ゼルドビッチ法などがあります。

さて、銀河が遠すぎて点状にしか見えず、銀河の回転速度なども測れない遠方の銀河までの距離はどのようにして求めるのでしょうか？　それは、第2章5で記述したように、ハッブルの法則を用いて、銀河までの距離を評価します。つまり、距離のわからない遠くの銀河には、銀河からの光のスペクトルの赤方偏移を調べることによって、遠ざかる速度を測定し、その値をハッブルの法則にあてはめて距離を推定します。

6 距離の不安定さ

このようにして、宇宙の距離はしごをもちいて人類はより遠くの宇宙を認識し、宇宙像を拡大していきました。しかし、現在でも残されている距離の不安定さが天体のさまざまな物理情報の誤差につながり、謎が残される原因の一つとなっています。太陽までの距離はじゅうぶんな精度で求められていますが、そのほかの距離測定にかんしては測定の高精度化、または距離決定方法の改良が必要です。とくに年周視差法は、仮定などをもちいずに直接、星までの距離を測れる信頼度が高い測定方法ではありますが、さらに高精度化してより遠くの星まで直接、距離の測定ができるようになることが望まれます。実際、セファイド変光星の年周視差法による測定は、可能になってきたとはいえ、信頼度がまだ低い状況です。この距離はしごの土台がくずれると、はしごの上段、つまり遠方の銀河の距離決定にまで影響を及ぼします。距離はしご法は、土台をしっかりする必要があるのです。

距離のハシゴは土台が大切

では、この年周視差の測定は現在どの程度の精度なのか？　また、むかしから現在までの年周視差の測定はどうなってきたか？　それを次節でふりかえることにします。

7　地動説の証明となった年周視差

一五四三年にコペルニクスの地動説が発表されましたが、この地球や惑星は太陽の回りを公転するという説の直接証拠は何でしょうか？

　多くの天文学者が気づいたことは、恒星までの距離が有限だとすると、地球の公転にともなって、恒星の見える方向が、すこし変化して見えるはず、ということでした。いわゆる年周だ円運動です。つまり、地動説が正しければ、恒星の年周視差の存在が観測によって証明されなければなりません。前節で紹介したように現在では、距離はしごの土台として、近くの星の距離をもとめるもっとも信頼度が高い年周視差法ですが、その年周視差を求める最初の動機は、まさに地動説の直接証明でもあったのです。

　コペルニクスの時代は、天球に粒上の孔《あな》が空いていて、それが後ろから照らされ恒星として見えるのだ、と考えられており、恒星は同じ距離にあると思われていたそうです。そして、年周視差があるとすれば、それは約三〇秒角程度（一度角の一二〇分の一）と想像されていました。三〇秒角というのは、視力二・〇の人がその角度だけ離れた二つのものをようやく見分けられる角度で、視力がすごく良い人が努力してやっとわかる角度です。恒星の年周視差はそんなものであろうと考えたのでしょう。しかし、コペルニクス自身は、視差の検出はできず、天球がひじょうに遠くにあるのだ、と考えたようです。また、肉眼による観測の時代、優秀な観測者であったティコ・ブラーエもこのうえない努力をおこないましたが、年周視差の検出はできませんでした。光の速度をはじめて測定したレーマも年周視差の測定を試みましたができませんでした。

天の川を望遠鏡ではじめて観測したガリレオも彼の著書『天文対話』のなかで恒星までの距離は、恒星の明るさによってちがい、明るいものは近いと考えられ、恒星の年周視差が観測できるはずだと記述していました。しかし、ガリレオ自身は年周視差を検出できませんでした。そこで、恒星は無限といってよいほど遠くにあると説明しています。

また、巨大な望遠鏡を自作し、星を観測して天の川銀河の構造をはじめて明らかにしたハーシェルも年周視差の検出には成功しませんでした。ハーシェルは当初、年周視差によって恒星までの距離を測定し、恒星の空間分布を明らかにしようと目論んでいました。しかし、年周視差を検出できなかったので、それにかわるものとして、恒星の真の明るさをすべて同じと仮定して（これは実際にはまちがいですが）、距離の推定をおこなったのです（第1章3参照）。

このように、年周視差の検出は著名な天文学者たちをもってしてもことごとく失敗してきました。それは、ガリレオが予測したとおり、太陽からいちばん近い星でもかなり遠くにあり、年周視差はひじょうに小さく、当時の観測技術では測定できなかったのです。しかし、それを知らない人たちは、年周視差が検出できない事実を、地動説にたいする反論の根拠にしていました。このとき地動説はピンチだったのです。

8 年周視差が発見されるまで

年周視差の検出にはじめて成功したのは、なんと一八三八年になってからでした。ドイツの天文学者のフリードリッヒ・ベッセル（一七八四年–一八四六年）によってです。彼ははくちょう座61番星の一八カ月におよぶ観測によって、〇・三一秒角の年周視差を検出しました。現在の正確な値は、〇・二八六秒角（距離にして一一・四光年）ですが、当時としてはじゅうぶん精度のよいものでした。ベッセルは、太陽の見かけの大きさを測定するために考案されたヘリオメータという観測装置を用いて、固有運動が大きく、比較的近くにあると考えられる星で（距離が近いほうが年周視差が大きく測定されやすい）、さらに、北極星に近くて一年中観測できる星を選びました（北極星付近の星は地平線に沈まない）。また、微光星《びこうせい》が近くにある条件もつけました（微光星は、暗いので、かなり遠くにあり、年周視差は無視できるぐらい小さくて、天球上に固定されていると考えられるので、対象の星の位置変化がその微光星と比較して把握できるのです)。これらの条件を満たす星の一つが、はくちょう座61番星でした。ちなみに、このベッセルは、ベッセル関数の発案者として数学の分野でも有名です。

さらに、よくあることですが、一度検出されると次から次へと検出されていくものです。同じ年の一八三八年にトーマス・ヘンダーソンが、子午環という星の位置を測るための特殊な望遠鏡を用いて、ケンタウルス座アルファ星の年周視差を測定しました。視差は、一・一六秒角でした(現在の値は、〇・七四二秒角。距離にして、四・四光年)。発表したのはベッセルに遅れることわずか三週間です。

次に、一八四〇年にウィリアム・ストルーヴェが、こと座アルファ星(ヴェガ:織姫星)の年周視差の測定に成功しました。二四センチメートルの屈折望遠鏡を使った測定でした。

このように、一八三八年から一八四〇年にかけて、恒星の年周視差が測定され、地動説にたいする確固たる証拠が出されたことになり、地動説が直接証明されました。さらに、明るく比較的近いと考えられる星でさえ、年周視差は四光年以上もあり、宇宙がいかに大きいかを実感するようになりました。暗い星はたぶんもっと遠くにあると推定できたからです。

さて、余談ですが、ベッセルの年周視差の発見以前のことにすこし立ち戻ります。星の位置の精密測定を試みていた著名な天文学者の一人に彗星《すいせい》にその名が付けられた英国グリニッジ天文台の二代目台長であるエドモンド・ハレー（一六五六年－一七四二年）がいます。ハレーは、恒星の位置が、各々ちがう方向に移動する現象を一七一八年に発見し、星空全体が地球の歳差《さいさ》運動《うんどう》（地球の自転軸がコマの首振り運動のようにふらふら回ること）によって星座全体が共通に移動する運動とは区別して、「固有運動」と名づけました。この固有運動によって、星が各々独自に運動していることがわかったと同時に、もう一つ重要なことがはっきりとわかりました。それは、恒星までの距離が有限であるということです。なぜならば、もし距離が無限で固有運動があるならば、その星の真の運動速度は固有運動に無限の距離をかけるので、無限大の速度になってしまい、おかしなことになるからです。

次にグリニッジ天文台のジェイムス・ブラッドレー（一六九二－一七六二）は、光行差《こうこうさ》を一七二八年に発見しました。光行差というのは、地球が公転でうごいていると星からくる光の方向が変化する効果です。地球のうごきが速ければ速いほど、その方向の変化が大きくなります。これは、地球の公転運動にともなう効果なので、どの星にたいしても同じ

光行差の原理

効果をもたらします。

光行差を理解するには次のたとえがよく使われます。かりに雨が真上からまっすぐに降っているとします。じっとして立っている人は、傘をまっすぐ上に向けてたっておけば雨はふせげます。ところが、その人が走り出すと、想像がつくように、雨は斜め前方向から降ってくるようになり、傘も斜めまえに傾けなくてはいけなくなります。これが、光行差の原理であり、傘をさしている人を〝地球〟、雨を〝星からの光〟と思ってもらえばよいでしょう。

さて、ブラッドレーは天頂儀《てんちょうぎ》という望遠鏡を用いて、りゅう座ガンマ星という二等星の観測をはじめ、とうとう星の天頂からの距離（真上から星までの角度）が一年の周期で変動していることを確かめました。地球は一年周期で公転しているため、星にたいする速度も一年周期で変動し、光行差も一年周期で変動します。光行差の値は、約二〇秒角でした。付近の恒星もまったく同じような位置変動をしており、共通でした。ということは、年周視差のように星ごとに異なるものではなく（天頂付近にある星々は、一般には距離はちがい、年周視差ならば値は星によって異なるはずです）、共通の変動をするということで、光行差であることが結論づけられます。

じつは、これが地動説にたいするはじめての直接の証拠となったのです。当時、年周視差はまだ検出されていませんでしたが、この光行差の発見は、年周視差の検証に先んじて地動説を正しいことを導きました。年周視差の大きさにくらべて、光行差の大きさがはるかに大きかったことがさいわいしました。逆にいうと、年周視差は、それだけ検出がやはりむずかしかったのです。

8　ヒッパルコスからヒッパルコス衛星へ

前節で述べたように年周視差や光行差の発見は、地動説の正しさを確実なものにしました。星の精密な位置の測定は古代から現代まで天文学の重要な観測分野となっています。前述しましたが古代でもっとも偉大な天文学者でギリシャのヒッパルコス（紀元前一九〇頃－前一二五）は、アリストテレスの天動説を改良して、周転円を導入し、また、地上の異なった二点から月の中心を見て視差を検出し、月までの距離を測定しました。

さらに、ヒッパルコスは星図の作成もおこない、春分点（春分の日に太陽が天球上にある位置）が一年に四五秒角ずつ天球上を動いていくことを発見しました。これは、地球の自転軸がコマの首振り運動のようにぶれる歳差運動をしているためです。このため、天の北極もじつは二万六〇〇〇年の周期で変化することにもなります。現在の北極星はいずれ北極星ではなくなるのです。

ヒッパルコス以後、多くの天文学者が精力的に惑星や恒星の位置とその変化の精密な測定をおこないました。その結果、ティコ・ブラーエの惑星の運動観測をもとにしたケプラーの法則の発見、そしてそれはニュートン力学という近代物理学の幕開けに結びつきます。そして、ハレーによる固有運動の発見、ブラッドレーによる光行差の発見、ついにはベッセルなどによる年周視差の発見へと続き、地動説の正しさが証明されました。このように、星の位置とその変化を測定する天文学の分野は位置天文学（アストロメトリ）とよばれますが、その位置天文学の発展は数々の天文学上の発展や物理学の進展に貢献してきました。

さて、ベッセルによる年周視差の検出以降、星々の年周視差の測定はどのようになってきたのでしょうか。年周視差の検出の第一の目的は地動説の直接の証拠でしたが、当然、それだけではなく、星の立体地図を描くためにも、星の真の明るさを知るためにもより多くの、そしてより遠くの星までの距離、つまり年周視差を観測していく必要がありました。

一九二四年には、アメリカのシュレシンジャーが写真観測によって年周視差と固有運動の精力的な観測をおこないました。約一六〇〇個の星の年周視差を測定しました。一九五二年になってエール大学のジェンキンスは三角視差総目録（ＧＣＴＰ）を発表しました。これには、五八二二星の年周視差が記録されています。のちに出されたＮｅｗＧＣＴＰには、約九〇〇〇個の恒星が収録されています。

また、アメリカ海軍天文台（ＵＳＮＯ）が、一五五センチメートル反射望遠鏡で、星の年周視差と固有運動の測定を一九六五年に開始しました。USNOは、一九八〇年にはCCD（電荷結合素子）による年周視差測定を開始しました。

さらに、エール大学天文台がエール輝線《きせん》表という六・五等より明るい恒星を記載した星表《せいひょう》を出していますが、第四版（一九八二年）では、総計九〇九六個の恒星のうち、二四六六星だけの年周視差が載っています。しかし、第三版が出された一九七〇年から一九八二年の一二年間にこのエール輝線表にあらたに加えられた年周視差が測られた星の数は、わずか三一個でした。このように、恒星の距離は天文学において基本的に重要であることはだれもが認識しており、年周視差の測定にかんして努力はされてきたのですが、個数の増加、精度の向上はなかなかできませんでした。それだけ年周視差の観測は難しいのです。星はかなり遠くにあるので、年周視差の角度がひじょうに小さく、精密な観測を要求されたからです。

しかも地上からの観測には限度があります。大気を通過することにより星からの光が屈折しますが、大気のゆらぎによりその屈折の方向が時間的にも変化してしまいます。つまり、地上で見ていると星の位置がわずかですがゆらいでしまい、正しい星の位置を測定するのが困難になってしまうのです。このように地上の観測では条件が悪く、精度がなかなか上がりませんでした。

いっぽう、二〇世紀に入り、天文学はあらたな局面を迎えました。物理学でミクロな物理法則をあつかう量子力学が発展し、また時間・空間をあつかう相対性理論が生まれ、天文学もそれらを用いて天体物理学、宇宙物理学が勃興《ぼっこう》してきました。恒星の内部がわかり、あらたな高エネルギー現象の発見やその解明、そして宇宙論などにも結びついていきます。

ところが年周視差や固有運動の精度不足で、天の川銀河内の星々の立体的な地図やうごきもわからず、天の川銀河の正確な形状、サイズもいまだわかっていません。精度があがらない位置天文学への関心が二〇世紀はうすまってきたといってよいでしょう。天文学にかぎらず自然科学は、やはり観測や実験結果という実際の現象が明らかになってこそ大きな進展があります。位置天文学はこの観測結果がごくかぎられたものであったため、そのデータを用いた科学的成果もさほど期待できず、位置天文観測自体への興味は薄れ、〝派手な〟遠方銀河の観測、新しい現象の観測などへ人びとの興味が向いていったのは当然かもしれません。

しかし、二〇世紀の後半になって、ギリシャの天文学者ヒッパルコスにちなんで名前がつけられた、世界ではじめての位置天文観測衛星であるヒッパルコス衛星が登場しました。

ヒッパルコス衛星は宇宙空間に打ちあげられて、宇宙軌道上から位置天文観測をおこなうものでした。宇宙空間では大気がなく、星の位置も地上より精度良く測れます。それに、天気に左右されず、また地平線に星が隠れることはなく、原理的には一年中観測できる利点もあります。このように人工衛星による宇宙空間からの観測は位置天文観測にとってはきわめてメリットが大きいものでした。

ヒッパルコス衛星

さて、ヒッパルコス衛星は、ヨーロッパ宇宙機関（ESA）が開発し、一九八九年八月に打ち上げられました。ところが、打ち上げ後の軌道投入に失敗し、当初は静止軌道をとるはずでしたが、だ円周回軌道という想定外の軌道に入ってしまいました。この軌道だと、放射線が多いバンアレン帯を何度も通過することになり、機器の故障、衛星寿命の減少が心配されました。しかし、さいわいにも衛星は放射能損傷をほとんど受けずに一九九三年八月まで無事に観測を続けることができました。さらに、観測プログラムの再編成やスケジューリングの見直しをおこない、観測データの取得もうまくできました。その結果、年周視差の精度も予定以上の精度が達成されました。

年周視差の精度は、一ミリ秒角、つまり一〇〇〇分の一秒角（一度の三六万分の一）という小さい値です（可視光で九等級より明るい星にたいしてこの精度を達成）。地上での観測で得られた精度より一桁以上向上しました（さらに最近、データ解析手法の進展により明るい星にかんしてはさらに精度が上がりました）。ヒッパルコス衛星の結果を天文学の〝革命〟とまでいう人もいました。位置天文学が、天文学のなかで重要な分野であるのは言うまでもありませんが、二〇世紀に落ち込んでいた位置天文学の地位がヒッパルコス衛星の成功により、ようやく復活してきたのです。

第4章

わたしたちの挑戦

——天の川銀河の地図をえがく

1　天の川銀河の地図をえがくには

ヒッパルコス衛星の成功で年周視差の精度と観測された星の数が一挙にあがり、その精度は、一〇〇〇分の一秒角でした。

では、このように向上した精度でどれぐらいまで遠い星の距離が年周視差でわかることになるのでしょうか。じつは、この精度でもってしても正確に距離を求めることができるのは、わたしたちからわずか三〇〇光年以内の星にかぎられるのです。

天の川銀河の中心までは約二万六〇〇〇光年、天の川銀河の直径が約一〇万光年ありますが、これらのサイズに比べると、三〇〇光年というのはほんの近所なのです。遠くの銀河の観測ができている現代でも星の距離の直接測定は、意外に思われるかもしれませんが、まだこの程度です。

そこで、少なくとも天の川の中心まで、天の川銀河の半分を覆いつくす範囲まで年周視差法で星の距離を正確に測りたい。そこまでいけば、天の川銀河についてかなりのことがわかるはずです。そこで、ヒッパルコス衛星よりさらに二桁精度を向上させ、一〇万分の

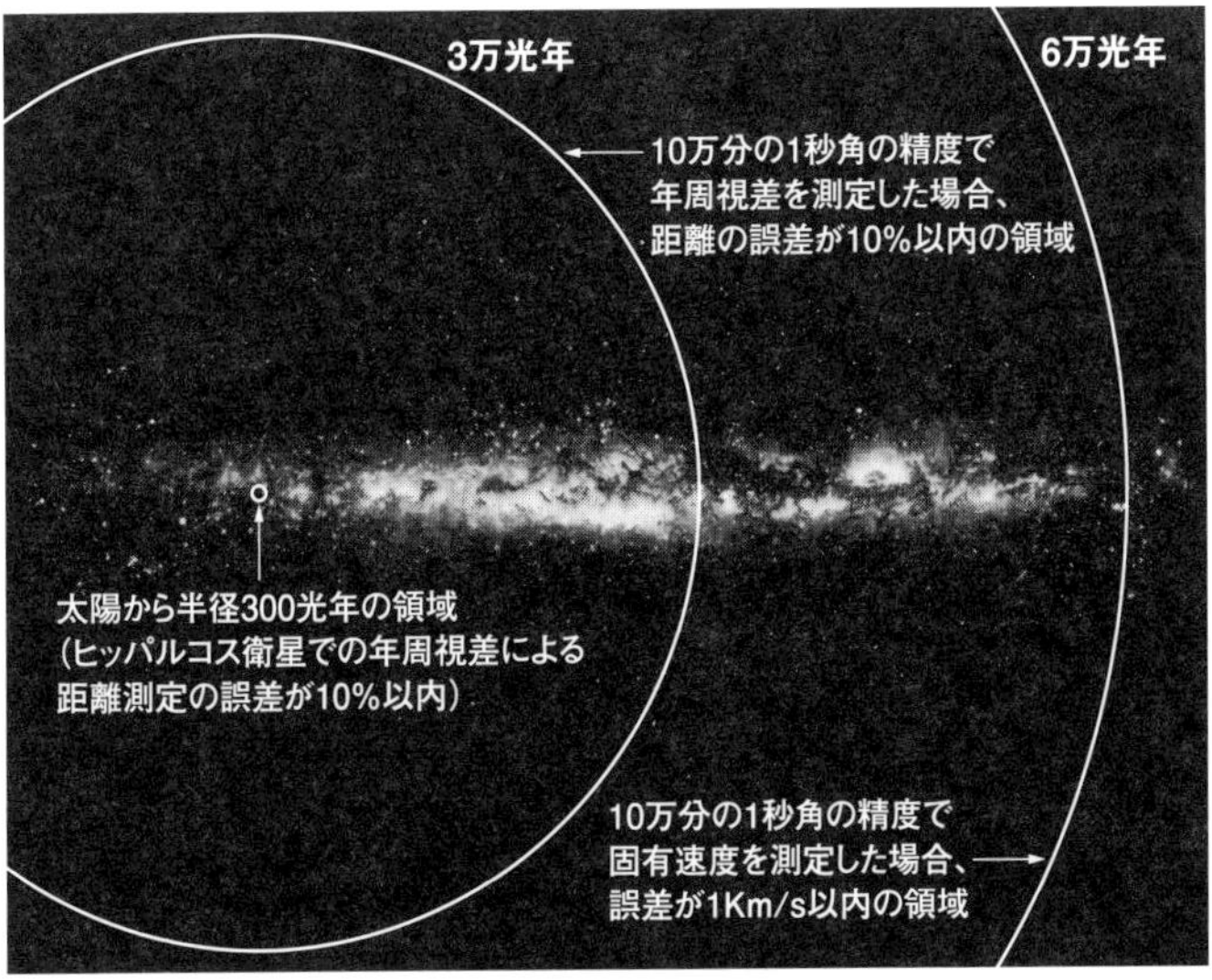

星の距離の測定範囲

一秒角（〇・〇一ミリ秒角で一度角の三億六〇〇〇万分の一）の精度で年周視差を測定するという計画が進んでいます。この精度に達成するとわたしたちから三万光年先までの星の距離を年周視差で正確に求めることができるようになります。

そして、このような画期的な精度が達成できると大きな科学的成果も期待できます。

たとえば、天の川銀河の円盤、バルジ、ハローの詳細な形状やサイズがわかります。星の天球上の位置（星までの方向）と観測された星までの距離によって奥行きがわかると星の三次元的な立体地図をえがくことができます。つまり星でえがかれる円盤、バルジ、ハローの姿が明らかになります。これによって、おおよその形状やサイズは明らかになるでしょう。ただし、観測される星は比較的明るい有限個だけです。ですから、えがかれた天の川の地図は、あくまでも観測された有限個の星でえがかれた地図です。ところが、天の川銀河を形づくっている重力を担う物質は、測定されていない多くの暗い星や〝光〟では測定できないダークマターも多く含まれています。これらの重力を担うすべての物質がつくる〝地図〟がえがけてこそ、はじめて天の川銀河の真の構造、形状、サイズがわかります。

では、〝見えない〟天体やダークマターの地図はどうやってわかるのでしょうか？

じつは、位置天文観測により、星の立体的な地図以外に星のうごく速度もわかります。この三次元的な位置と運動速度によってダークマターの地図を知ることができるのです。すべての重力を担う物質の分布を決めると場所ごとの重力の大きさが決まります。すると、力学によれば、場所ごとの重力の大きさがあえられるとすべての星の軌道が決まりますので、ある場所にある速度の大きさをもつ星がどれぐらい存在するかの割合を理論的に計算することができます。そこで、想定されうるさまざまな天の川銀河内の物質の分布モデル（いろいろな想定地図）を考え、それぞれのモデルにたいしてこの割合を理論的に計算しておきます。そして、それを観測データと比較して、観測された星の割合（ある場所にある運動速度でもって存在する割合）をもっともうまく説明できるモデル（想定地図）をほんとうのものだと推定します。このようにして、〝見えない〟星やダークマターも含むすべての重力物質の地図をつくることができます。

また、重力物質の分布や運動がわかるとわい小銀河が衝突合体してきた痕跡、中心にある巨大ブラックホールによる爆発のエネルギー源であるガスの供給メカニズムなどもわかっていくでしょう。さらに、多種類かつ多数の星の真の明るさのサンプル、それにともない天の川銀河内の広範な領域での星の形成史が明らかになります。また、星の位置変化には年周視差と固有運動の情報以外も有用な情報が含まれています。たとえば、恒星が惑星をともなっているとその惑星からの重力の影響で恒星の運動がすこしですがふらつきます。そのふらつき具合から惑星の質量などの情報がわかります。太陽以外の恒星がもつ惑星の情報を知ることができるのです。

さらに、アインシュタインの一般相対性理論によると、光の進路になにか小さなサイズの天体があると、光の進路が曲げられます。これは重力レンズ効果とよばれます。この効果により、ある星から光がくる途中で重力レンズ天体が通りすぎると、星からの光の進路が曲げられます。その結果、天球上では、星の像がちがった方向に移動していきます。この効果を測定することにより重力レンズの正体がわかるかもしれません。

そのうえ一般相対性理論の実証にも使えそうです。九九・九九九九％で一般相対性理論が正しいかどうかの実証になります。このように、一〇万分の一秒角という精度で星の位置や年周視差が求められると大きな科学的成果がいくつもうまれることが期待でき、まさに天文学の〝大革命〟をもたらすかもしれないのです。

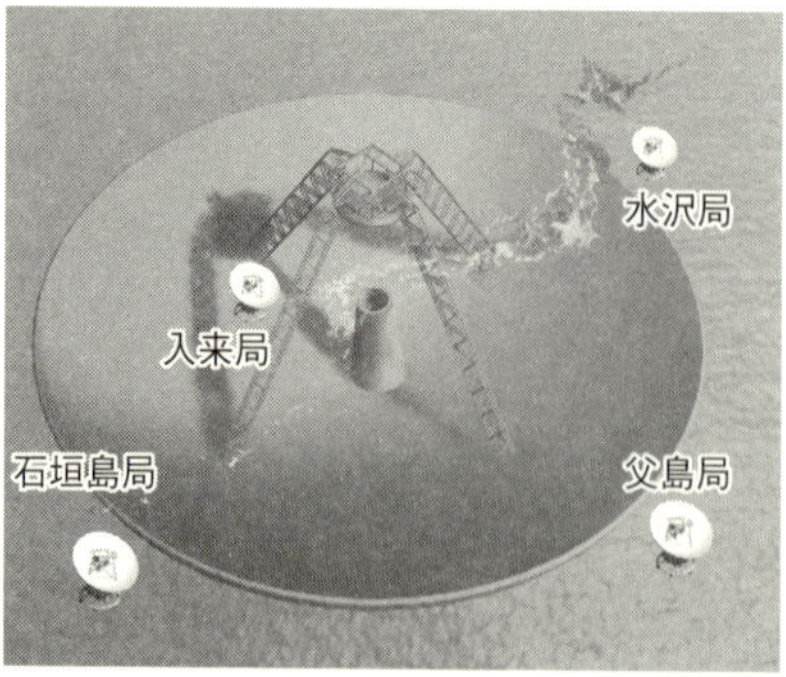

VERA観測局配置図

日本では、VERA《ヴェラ》という電波による位置天文観測プロジェクトが国立天文台と日本のいくつかの大学が中心となり稼働しています。これは、国内の離れた四地点（岩手県奥州市、小笠原の父島、鹿児島県の入来、石垣島）に口径二〇メートルの電波望遠鏡を一台ずつ設置し、この四局で受信された天体からの電波を集めて重ね合わせることによって高精度な分解能《ぶんかいのう》を得ることができます。

メーザーという特徴ある電波を出す星や星雲ガスにたいして、一〇万分の一秒角の精度で年周視差を求めるものです。今後、約一〇〇〇個の天体を観測していくことになっています（観測をおこなう天体のそばにクエーサーとよばれる基準となる天体が必要で、そのような条件を満たす天体にかぎられます）。現在までに、年周視差で距離を測ったもっとも遠い天体の記録を出しています。それは、S269とよばれる星があらたに誕生している領域で距離は、一万七二五〇（観測誤差はプラスマイナス七五〇）光年です。

2 欧米の衛星による観測計画

日本のVERAは稼働をはじめていますが、メーザーというある特徴的な電波を出す一〇〇〇個程度の天体だけに観測はかぎられています。そこで、もっと多くの普通の星の年周視差を測る必要があります。そのため、人工衛星による衛星計画がいくつか計画されています。

ヒッパルコス衛星を手がけたヨーロッパ宇宙機関（ESA）は、GAIA《ガイア》計画を開発中です。口径一・五メートルの望遠鏡で可視光で二〇等級までの全天の星を約一〇億個サーベイし、年周視差と固有運動を測定します。可視光で一五等級より明るい星の年周視差を一〇万分の二秒角以上の精度で測定する予定で、二〇一一年末か、二〇一二年前半に打ち上げ予定になっています。

また、アメリカ航空宇宙局（NASA）はSIM《シム》計画という可視光干渉計での位置天文観測衛星を計画しています。可視光で二〇等級までの星一万個にたいして、約四マイクロ

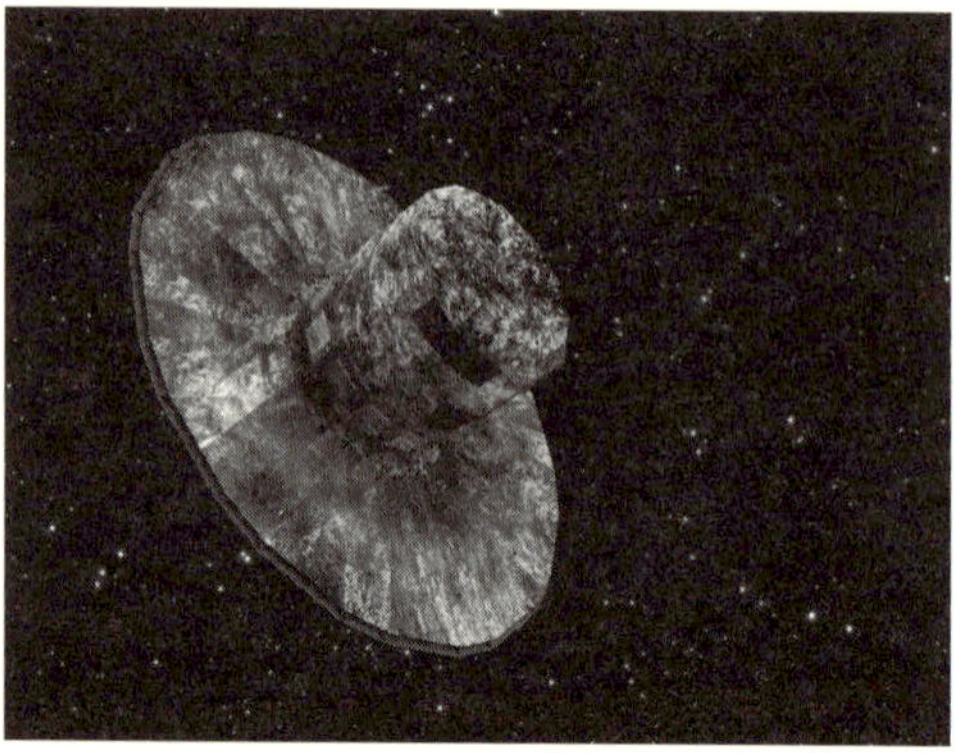

ESAが進めるガイアの想像図（ESA）

NASAが進めるシムの想像図（NASA）

秒角（一〇〇万分の四秒角）という高精度で年周視差を測定する予定です。ただし、二〇〇八年時点ではアメリカの政策により、打ち上げがいつになるのか決まっていません。また、アメリカ海軍天文台がOBSSというGAIAと似た計画を考えています。なぜ、海軍が位置天文観測をするのかと疑問に思われるかもしれませんが、星の位置測定はGPSがなかったころ、船を航行するうえで、船の位置を知るために必要であり、海軍にその部門が残されているからです。

じつは、GAIAやSIM以外にも以前は、ドイツのDIVA計画やアメリカ海軍天文台のFAME計画というものがありました。精度はいずれもヒッパルコス衛星より一桁程度の精度アップをねらっており、本来ならば二〇〇七、八年ごろの打ち上げを予定していました。しかし、予算獲得の問題などもあり、残念ながら中止となってしまいました。これが成功していれば、ヒッパルコス衛星とGAIAやSIMをつなぐ橋渡しとなっていたでしょう。GAIAのデータが出てくるまでに、ヒッパルコス衛星の出した精度より良いデータが途中で出てきて、位置天文学への関心も高まり、盛り上がっていたことでしょう。残念ですが、それだけ次世代の位置天文観測衛星への期待が大きくなっています。

3　日本の衛星による観測計画

欧米の衛星計画に続き、日本も位置天文観測衛星の計画を進めています。ジャスミン（JASMINE：Japan Astrometry Satellite Mission for Infrared Exploration）とよばれる赤外線による位置天文観測衛星計画です。

GAIAとSIMは可視光による観測ですが、ジャスミンは近赤外線という可視光より長い波長の〝光〟を用います（二マイクロメートル程度の波長）。天の川や天の川中心の方向は星が多数存在しているとともに、塵もたくさん存在しています。塵は可視光を吸収しやすい特徴をもっています。しかし、赤外線は吸収されにくいのです。その効果は、夕日が赤く見える原因でもあります。

夕方の太陽は高度が低いため、太陽からの光は、昼間にくらべて大気を長く通過していきます。そのため、大気中の塵に吸収されやすい青色の光は、塵に吸収されてしまい、青より波長が長くて吸収されにくい赤色の光のみが大気中を通過して、わたしたちの目に届くのです。それで、夕日は赤く見えるのです。

同じことが天の川方向を見たときにもあてはまります。短い波長の可視光は光を吸収され、星からの光の量は少なくなってしまいます。第1章4でふれましたが、可視光で見た天の川の写真に比べて、近赤外線でみた写真のほうがひじょうに明るいことを思い出してください。このように可視光では、星の光の減光により、観測できる星の数や測定精度が落ちてしまいます。いっぽう、可視光より波長が長い赤外線は、吸収されにくく、精度良く観測できる星の数が可視光に比べて勝るという特徴がでてきます。そのためGAIAやSIMは、天の川方向を観測するのは苦手です。ジャスミンは、赤外線による観測なので、GAIAやSIMに比べて、天の川方向、とくに天の川銀河の中心付近にあるバルジ内の星の観測に適しています。

では、なぜGAIAやSIMは赤外線で観測をしないのでしょうか？　それは、赤外線のほうが、可視光にくらべて、同じ精度を達成するために星からの光の量をたくさん集めなくてはならず、技術的に難しい点があります。さらに、比較的短い衛星の寿命時間内に星の光を必要なだけたくさん集めるために観測できる領域もかぎられます。GAIAやSIMのように全天を観測することは赤外線ではなかなか困難なのです。ですが、ジャスミン計画ではジャスミンがGAIAやSIMに勝るバルジ方向の観測領域に絞り、全天探査とはちがう部分探査に適した観測手法、データ解析法を考案し、その困難の克服を目指して進めています。

このジャスミン計画ですが、一九九九年から国立天文台のメンバーを中心に宇宙科学研究所（現在は、ＪＡＸＡ《ジャクサ》〔宇宙航空研究開発機構宇宙科学研究本部〕）や大学の研究者の協力を得て検討が始まりました。その後、宇宙開発事業団（現在はＪＡＸＡ）のエンジニアの方がたの協力も得て、検討を進めています。当初は、天の川全面の星々にたいして一〇万分の一秒角の精度で測定する予定でした。この場合の望遠鏡の口径は、一・五メートル以上が必要でかなり大型の衛星となります。予算的にも技術的にもむずかしい問題がありますそこで、天の川銀河の中心付近にあるバルジ方向だけに観測領域を絞り、口径八〇センチメートルの望遠鏡を用いた中型衛星計画を考えることになりました。測定制度は一〇万分の一秒角です。ジャスミンがＧＡＩＡやＳＩＭに比べて優位にたつのが、天の川中心方向であることもあり、この領域だけの観測でもじゅうぶんな科学的成果が期待できます。

中型ジャスミン計画は、天の川の中心を真ん中に含む二〇度×一〇度の領域を観測します。バルジがほとんど入る領域です。年周視差で正確に距離をだすためには、年周視差の

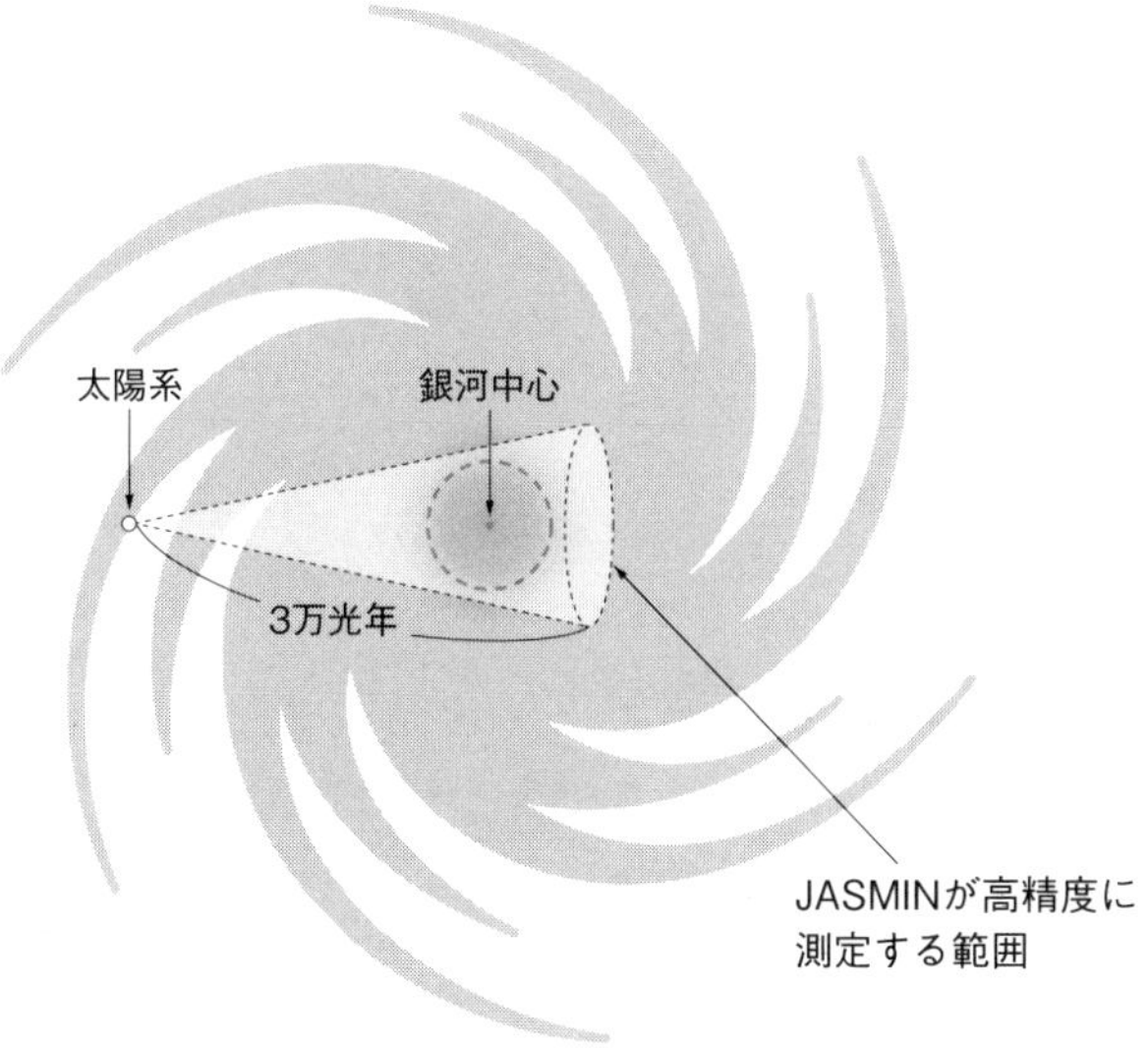

中型ジャスミンの観測範囲

観測誤差が一〇%以内でないといけませんが、GAIAが天の川中心方向の二〇度×一〇度の領域以内でそのような高精度で測定できる星の数が数百個と予測されるのにたいして、ジャスミンは約一〇〇万個の星が観測できます。このような観測ができると、天の川銀河のバルジ構造の解明、バルジの形成史、巨大ブラックホールとバルジとの関係の解明が期待されます。

ところで、一〇万分の一秒角という角度の大きさはどれぐらいでしょうか。

じつは、東京から見て富士山頂に立っている人（つまり、約一〇〇キロメートル離れている人）の髪の毛の太さの約一

髪の毛の太さの10分の１の太さを見込む角度

〇分の一の太さを見込む角度です。想像しがたいほど、きわめて小さな角度です。この精度で星の位置の変化を測定できなければ、バルジの星々まで手が届かない、つまり距離が求められないのです。過去の年周視差の検出の〝たたかい〟でもわかるように、年周視差の測定はほんとうに困難なのです。

ジャスミンも一〇万分の一秒角の精度を出すために、大きな技術課題があります。

望遠鏡を星にむける際に、できるだけ安定させてむける必要があります。望遠鏡のむきががたがたすると星の位置を精度良く測定できなくなります。さらに、望遠鏡や検出器といった観測装置の大きさや配置が変動しないようにする必要があります。観測装置のまわりの温度が変化することなどが原因となり、変動してしまうと、星が写っている画角のサイズや歪みが変動し、写っている星の位置も変動します。すると、星の真の位置の変化（年周だ円運動や固有運動にともなうもの）と区別がつかなくなります。そこで、観測装置ができるだけ変動しないように観測装置付近の温度を安定にする、さらには装置が変動しないような素材や構造を用いる、ということが必要になります。

たとえば、ジャスミンでは、約一〇時間以内に望遠鏡のサイズや鏡の配置位置などの変動の大きさが、一〇〇ピコメートル（水素原子の大きさ程度）程度以内であることが必要です。またそのために、望遠鏡付近の温度が約一〇〇〇分の一度以内であることが必要です。これは、衛星を設計するうえでかなりきびしい技術課題となります。

天文観測衛星の場合、衛星は大きくわけてミッション部とバス部という二つの部分で構成されます。

望遠鏡や検出器といったおもに観測装置を扱うのがミッション部です。いっぽう、バス部は、ミッション部をサポートするために必要な、衛星の姿勢の制御、熱環境の調整、観測装置や衛星を支える構造、通信、電力の確保などを扱います。ミッション部は、おもに天文学研究者や関連企業が担当します。バス部は、JAXAのエンジニアたちや関連企業が担当します。ジャスミンのような位置天文観測は、前述したように星の像がぶれないようにに望遠鏡のむきを安定させること、さらに観測装置のサイズなどの変動を極力小さくすることが重要です。したがって、バス部を扱う衛星システムへの要求がたいへんきびしいものとなり、ミッション部とバス部の各々の開発担当が密接に連携することが肝要です。

ところで、ジャスミンのミッション側の主力メンバーは、いままで衛星プロジェクトに携わった経験がありません。衛星はロケットで打ち上げてしまってからは、修理にいったり部品を交換したりすることができません（スペースシャトルで修理に行くことができたハッブル宇宙望遠鏡は例外ですが）。それだけ、打ち上げまえには入念に設計、開発、製作、試験をおこなうことが重要です。それには、経験、実績がものをいいます。成功した事例を知ることは重要ですが、じつはさまざまな失敗をしたこととその原因を知っていることも、成功したこと以上に次の計画にいかされることが多く重要なのです。

こうした衛星の開発は、初めての人間にとっては、最初から大型衛星を手がけるのは困難です。そこで、ジャスミンチームは、超小型衛星によるナノ・ジャスミン（Nano-JASMINE）計画、次に小型科学衛星による小型ジャスミン計画（仮称）を経て中型ジャ

ナノ・ジャスミンの想像図（東大中須賀研究室）

スミン計画にいたる計画をたてています。

ナノ・ジャスミンは、二〇一〇年ごろの打ち上げを予定しています。いま開発、試験などの準備が進んでいます。また、小型ジャスミンは、二〇一五年ごろの打ち上げを目標に検討、開発をおこなっています。さらに、中型ジャスミンは、海外との協力も視野に入れながら二〇二〇年代前半の打ち上げを目指しています。ナノ・ジャスミンをホップとし、小型ジャスミンがステップ、そして、中型ジャスミンでジャンプを考えています。

ナノ・ジャスミン計画についてまず

紹介しましょう。

ジャスミン計画を進めてしばらくしたころ、やはりまずなにか宇宙軌道上で実証実験などを経験をつむべきだという意見が出されました。そのときちょうど、大学で超小型衛星の開発が進み始めていることを知りました。それは一〇センチメートル立方程度の大きさで重さもわずか一キログラム程度のほんとうに小さな衛星です。学生たちが手づくりで安く早くつくり、これをロケットにのせて宇宙軌道上に打ち上げようというのです。

打ち上げは、海外のロケットによる大型衛星の打ち上げの際に、ロケットの衛星を載せる個所（フェアリング）にあまっているスペースがある場合、そのスペースに載せてもらい（ピギーバック）安く打ち上げてもらいます。

従来の中型、大型衛星計画は時間がかかりますし（一五年、二〇年かかる）、大きな予算も必要です。大学や学生が単独でできるレベルではありませんでした。しかし、超小型衛星だと学生が大学や大学院を卒業するまえに検討、設計、開発、実験、製作、試験、打ち上げ、衛星の運用といった衛星プロジェクトの仕事の一巡を経験でき、教育という観点から、また未経験者にとっても比較的短い期間内に一通りのながれを経験できることから、次の大きな計画に行くステップとしてたいへん大きなメリットがあります。

二〇〇三年に超小型衛星の開発をおこなっている東京大学大学院工学系研究科航空宇宙工学専攻の中須賀真一教授のもとを訪ねました。ジャスミン計画の話やその実証の必要性、またＧＡＩＡまでにヒッパルコス衛星程度の精度をもつ観測データの必要性などを訴えました。中須賀教授ならびに中須賀研究室のメンバーがすぐに興味をもっていただき、早速検討がはじまりました。

ミッション部は国立天文台と京都大学のメンバー、そしてバス部は中須賀研究室のスタッフ、学生が中心となり、また東京海洋大学のメンバーの協力も得て、開発が進み、打ち上げは海外のロケットとの交渉が進んでいます。また、日本のＨⅡＡロケットに載るピギーバック衛星の候補ともなっています。いま二〇一〇年の打ち上げを目指しています。日本で初めての位置天文観測衛星の実現であるとともに、ＧＡＩＡより早く打ち上げができれば、世界でも二番目となります。目標精度は、ヒッパルコス衛星程度です。ヒッパルコス衛星は一・四トンの大きな衛星でしたが、ナノ・ジャスミン衛星は、主鏡口径五センチメートルの小さな望遠鏡搭載で、衛星の重さは二五キログラム程度、衛星本体のサイズは五〇センチメートル立方程度です。このような超小型でもヒッパルコス衛星と同様な精度が出せるのは、ヒッパルコス衛星とちがってＣＣＤという感度の良い検出器をもちいることが現在では可能なこと、さらには、超小型の高精度の姿勢制御装置などができてきたことなどの技術発展によります。

ちなみに、中須賀研究室では、重さ一キログラム、サイズが一〇センチメートル立方の超小型衛星XI－IV（サイ・フォー）を二〇〇三年六月に、XI－V（サイ・ファイブ）を二〇〇五年一〇月にロシアのロケットにより打ち上げ、両衛星とも二〇〇九年二月現在まで

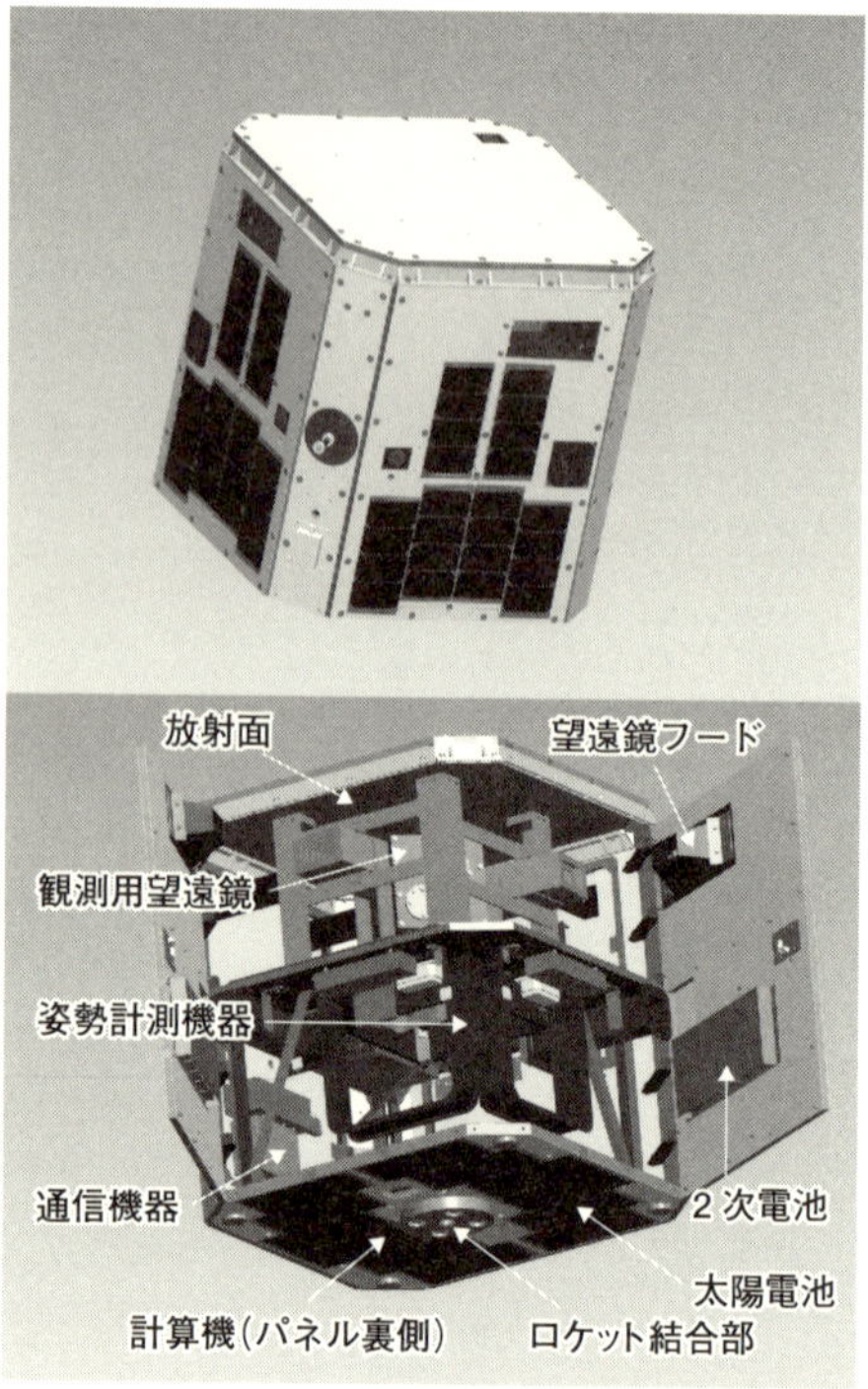

ナノ・ジャスミンの想像図（外観と内部）
（東大中須賀研究室）

無事に運用中です。

さて、ナノ・ジャスミンの次には、小型ジャスミン（仮称）を目指し、国立天文台、JAXA、京都大学のメンバーを中心として検討が進んでいます。これは、望遠鏡の口径が三〇センチメートル程度で、近赤外線の波長を用いて、一〇万分の一秒角の精度を目指していることは中型ジャスミンと同じです。しかし、中型ジャスミンが二〇度×一〇度の領域を観測するのにたいして、小型ジャスミンは一度四方を二、三個所のみ観測します。そのことによって、望遠鏡の口径を小さくできるのです。観測する領域は、小さくなりますが、はじめてバルジの星々の距離が数万個の星にたいしてわかることになります。さらに、かぎられた領域ですが、バルジの星形成史やバルジの構造がかなりわかり、バルジの研究に一石を投じることができるでしょう。

超小型衛星XI－IV（東大中須賀研究室）

このように、日本も一連のジャスミン計画で位置天文観測衛星計画を進め、世界のなかでの役割を果たしていくことになるでしょう。円盤部とハローを探査するGAIAやSIMにたいしてバルジの探査をジャスミンが受けもつことになり、海外の衛星計画と補いあうことになります。日本では、天の川観測に向いているVERAからジャスミンへと天の川の位置天文観測を担当することで、世界の位置天文分野での重要な役割をになうことになるでしょう。

4 推歩先生と天の川銀河へ挑む

わたしは、一九九八年まで大学に勤務しており、宇宙論や銀河形成などの理論的研究を仕事としていました。じつは、位置天文学は専門分野ではありませんでした。いわんや、衛星プロジェクトはかかわったこともまったくありませんでした。

それが一九九七年ごろにヒッパルコス衛星の結果が出され、セファイド変光星の距離が変更され、宇宙論にも影響を及ぼし、これが物議を醸《かも》しました。そして、じつはこの問題はまだ解決されていないのです。近くにあるセファイド変光星の距離決定についてもヒッパルコス衛星の年周視差の精度はぎりぎりで疑問がもたれています。じつは、もっとも近いセファイド変光星は北極星ですが、その距離は四三〇光年で、ヒッパルコス衛星が年周視差で正しく距離測定できる範囲をすこし超えているのです。そのため確実性がまだ疑問視されています。正しいことは、ＧＡＩＡの結果を待たなくてはなりません。いずれにせよ、わかったことは、年周視差の精度はまだ悪く、遠くの星までの距離は正確にはわかっていないということです。

宇宙論が扱うような遠くの銀河の観測ばかりについつい眼がいきがちですが、じつは天の川銀河内の身近なことが案外知られていないことにわたしは驚きを覚えました。そこで、位置天文学への関心が高まり、みずから衛星計画を考えるようになりました。

伊能忠敬

身近な天の川銀河のなかの星々の距離を精度良く決めていくという一見地味で地道な作業が大きな発見、発展につながると思っています。

ところで、地図づくりというと、日本では伊《い》能《のう》忠《ただ》敬《たか》（一七四五－一八一八）を思い出します。みなさんはご存じでしょうか。日本の地図を実測ではじめて作成した人物です。伊能忠敬は、少年時代から天文学と数学にたいへん興味をもっていたようです。しかし、婿養子先の伊能家の家業である造酒業、醤油の醸造、水運業などを継がねばなりませんでした。忠敬は、隠居するまで、この第一の人生を精一杯尽くしました。そして、隠居後、第二の人生を歩むことになります。夢にまでみた天文学を学ぶために江戸幕府天文方の高橋至時《よしとき》に弟子入りをします。時に、忠敬五一歳、至時三二歳でした。当時、幕府天文方暦局は、浅草にありました。忠敬は、至時のもとで、天文学を熱心に学ぶとともに、深川の自宅に天文台をつくり、みずからも観測に勤しんでいました。毎晩、熱心に星の位置を測っていたようです。この頃、忠敬には「推歩《すいほ》先生」というあだ名が付けられていそうです。推歩とは、天体のうごきを測ることです。はじめは、年寄りの道楽と考えていた至時も、次第に忠敬の熱心さと有能さに感心するようになり、歳の離れた二人でしたが、やがて、深い絆で結ばれるようになったそうです。

当時、忠敬は日本人にとっては謎であった、地球の大きさを計測したいと考えていました。最初は、自宅のある深川と天文方のある浅草との距離と北極星の見かけの高度差を用いて算定しようとしました。第3章2で説明した古代のエラトステネスが用いた方法と同じ原理です。しかし、高橋至時に一笑に付されました。そんな短い距離では、誤差が大きくなりすぎるというわけです。では、江戸と蝦夷《えぞ》の間を測ってみれば、可能かもしれないと考えました。これが、伊能忠敬が実測をおこない、日本地図をえがくことになるきっかけでした。その後、どのようにして実測をおこなったのか、また、地図が完成するまでにいかなる試練が待ち受けていたかは、割愛しますが、ただ、地球の大きさについては、現代の値とさほど変わらぬ高い精度で値を求めることができました。

このように忠敬は、五一歳で第一の人生を終わらせた後、少年のときに抱いた夢を追い求めました。そのたゆまない好奇心、探求心には脱帽してしまいます。この原動力により、後年（最終的には、忠敬没後、後継者の手によって完成しますが）、世界にも誇れる日本地図の完成をみることになります。実際、幕末に訪れたイギリス艦隊は、この地図をみせられ、あまりの正確さに驚嘆《きょうたん》したそうです。これによって、西洋人は、あなどっていた日本人にたいする考えを改めたともいわれています。この地図は、その後さまざまな用途にもちいられ、明治時代における日本地図のほとんどはこの忠敬の地図が基になっていたそうです。

さて、筆者も途中から星の位置観測（推歩）と天の川の〝地図づくり〟に目覚め、衛星プロジェクトにかかわることとなりました。伊能忠敬の偉大さにはとうてい及びもつかな

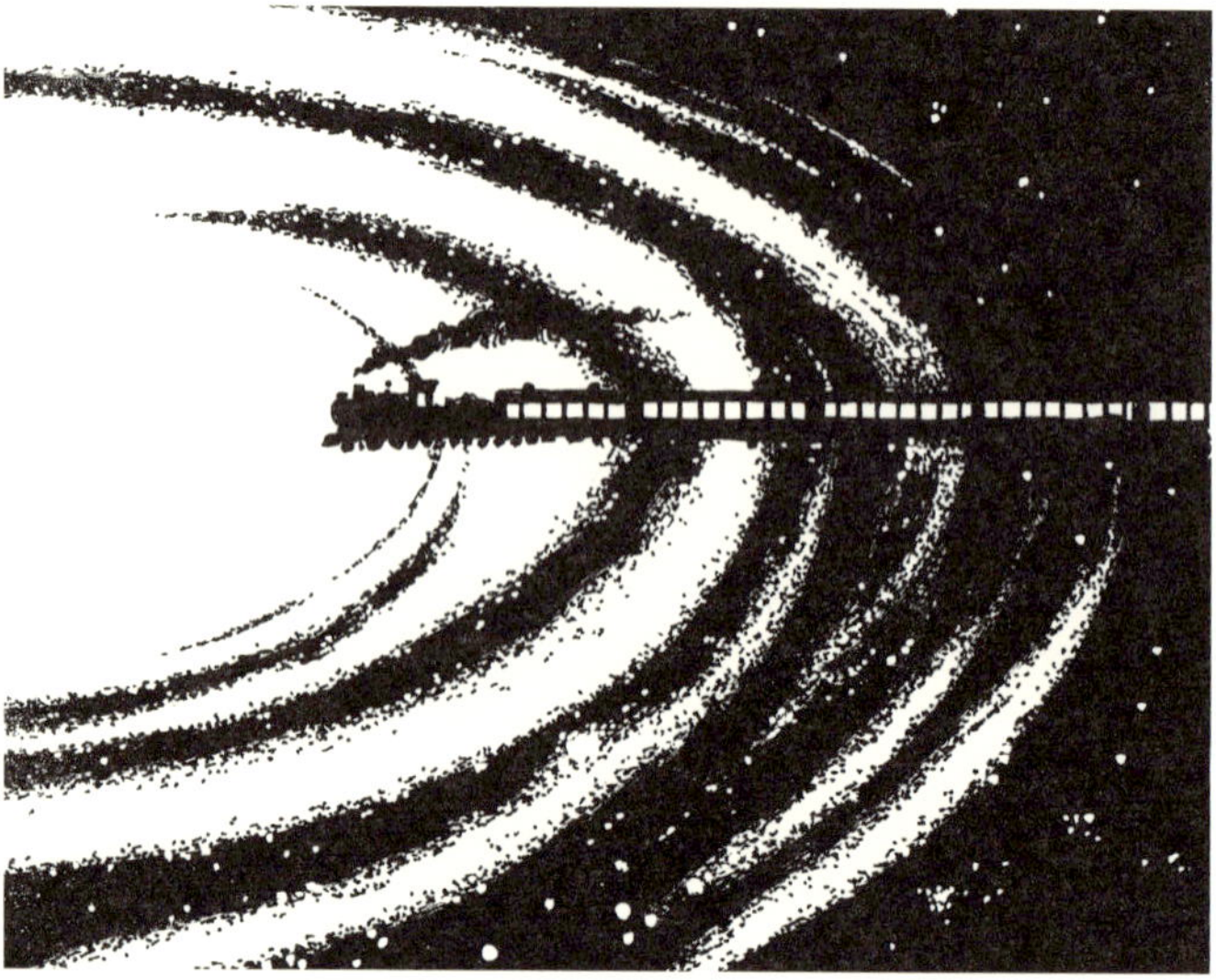

21世紀の"銀河鉄道"が解明する天の川銀河

いですが、すこしでも忠敬の偉業を見習い、欧米の計画にも負けない計画を進めたいと思います。もちろん、天の川銀河の全体の立体地図の作成は海外との協力も必要で、人類としての偉大な作業になるでしょう。まさに位置天文学観測という二一世紀の〝銀河鉄道〟により天の川が解明されていくことになるはずです。

あとがき

本書では、宇宙像の拡大、天の川銀河の謎、それを解くための星までの距離の測定（位置天文学）について記述しました。宇宙像の拡大、そして星までの距離測定にも人類が挑戦しつづけた歴史があります。天の川銀河に残る多くの謎を解くためにもさらに距離測定の精度をあげていかなければいけません。その未来への挑戦も始まっています。

これらの歴史と挑戦は、科学自体のように無機的なものではなく、そこには人間のドラマがあります。研究者の夢、苦悩、研究者どうしの論争、競争などさまざまな要素が入ってきます。まさに、研究の進展、科学技術の発展も〝生き物〟です。それらを振り返り、先人の考えを知ることは、今後のわたしたちのとるべき未来へむかう行動のヒントにもなるでしょう。さらに、自然科学と関係のない社会や日常生活においても、きっと役立つことでしょう。はるかかなたの天の川、全宇宙という非日常的な世界とこれを探求する研究者の人間ドラマ、そしてその楽しさを本書ですこしでも味わっていただければさいわいです。

なお、二〇〇九年は、世界天文年です。ガリレオが世界ではじめて望遠鏡を夜空にむけて宇宙の観測を始めたのが一六〇九年、ちょうどそれから四〇〇年後にあたる年で、それを記念して二〇〇九年を世界天文年とすることが国際連合、ユネスコ、国際天文学連合で決定しました。世界各地で天文学や宇宙科学についてのさまざまなイベントがおこなわれることになっています。天の川の正体がはじめてわかったのが、そのガリレオの観測によってでした。天の川の正体がわかってちょうど四〇〇年目の節目です。天の川に思いをはせるちょうど良い年でしょう。

本書執筆にあたり矢野太平氏、酒匂信匡氏、初鳥陽一氏には画像の提供にご協力いただきました。感謝いたします。またジャスミン、ナノ・ジャスミンチームのみなさまにもお礼を申し上げます。

最後になりましたが、本書の編集にあたっては旬報社の田辺直正氏のご尽力に負うところが大きかったことを記しておきます。

二〇〇九年三月

郷田直輝

参考文献

池内　了『宇宙論のすべて』（新書館、一九九八年）
出石誠彦『支那神話伝説の研究』（中央公論社、一九四三年）
岡村定矩『銀河系と銀河宇宙』（東京大学出版会、一九九九年）
岡村定矩ほか編『シリーズ現代の天文学1　人類の住む宇宙』（日本評論社、二〇〇七年）
『科学朝日』編『天文学の二〇世紀』（朝日選書、一九九九年）
国立天文台編『理科年表』（丸善、二〇〇八年）
坂井正人「ナスカの地上絵の謎をとく」ニュートン別冊『伝説の古代文明』（ニュートンプレス、二〇〇二年）
桜井邦朋『天文学史』（朝倉書店、一九九六年）
祖父江義明ほか編『シリーズ現代の天文学5　銀河Ⅱ――銀河系』（日本評論社、二〇〇七年）
高瀬文志郎『星・銀河・宇宙』（地人書館、一九九四）
童門冬二『伊能忠敬――生涯青春』（学陽書房、一九九九年）
ニュートン別冊『よくわかる天の川銀河系』（ニュートンプレス、二〇〇八年）
長谷川哲夫編『星の誕生――天の川、マゼラン銀河、そしてわたしたち』（クバプロ、二〇〇四年）
前田恵一監修『宇宙の謎が解ける本』（ジャパン・ミックス、一九九七年）
矢野太平『拡がる宇宙地図』（技術評論社、二〇〇八年）
吉田正太郎『宇宙の広さは測れるか』（地人書館、一九八六年）
ロバート・オッサーマン（郷田直輝訳）『宇宙の幾何』（翔泳選書、一九九五年）

さくいん

あ行

か行

さ行

た行

な行

は行

ま行

ら行

アルファベット

著者紹介

郷田直輝（ごうだ・なおてる）

1960年大阪市生まれ。自然科学研究機構国立天文台教授、技術主幹兼JASMINE検討室長。総合研究大学院大学教授。
理学博士。宇宙論のほか、銀河の構造と形成史の研究が専門。現在は、赤外線位置天文観測衛星（JASMINE）計画を推進中。訳書に、『宇宙の幾何——数学による宇宙の探求』（ロバート・オッサーマン著、翔泳社）、また『シリーズ現代の天文学』（日本評論社）の第1巻、第4巻の一部執筆担当などがある。

イラスト　えびなみつる

写真提供　中西昭雄，国立天文台（4次元デジタル宇宙プロジェクト，水沢VERA観測所），東京大学（工学系研究科航空宇宙工学専攻中須賀研究室，宇宙線研究所神岡宇宙素粒子研究施設），ESO，NASA，PANA通信社

天の川銀河の地図をえがく

2009年4月10日　初版第1刷発行

著　者——郷田直輝

装　丁——ネオプラン

発行者——木内洋育

編集担当——田辺直正

発行所——株式会社旬報社

〒112-0015東京都文京区目白台2-14-13

電話（営業）03-3943-9911　http://www.junposha.com

印刷所——株式会社マチダ印刷

製本所——株式会社ハッコー製本

ISBN 978-4-8451-1106-0　NDC440